谨献给蔡镇钰教授。

没有您，这本书不会有起点。

For Dr. Prof. Zhenyu Cai.

Without you, this book wouldn't have a beginning.

谨献给罗伯特·摩戈劳尔教授。

没有您，这本书不会有终点。

For Dr. Prof. Robert Mugerauer.

Without you, this book wouldn't have an end.

健康导向下的

绿色开放空间设计

Health, Green Open Space, Design

马 明 李东辉 周 靖 著

中国建筑工业出版社

图书在版编目（CIP）数据

健康导向下的绿色开放空间设计 / 马明，李东辉，
周靖著. —北京：中国建筑工业出版社，2023.12
ISBN 978-7-112-29251-6

Ⅰ.①健… Ⅱ.①马… ②李… ③周… Ⅲ.①空间规
划—研究 Ⅳ.①TU984.11

中国国家版本馆CIP数据核字（2023）第184157号

责任编辑：焦　扬　徐　冉
书籍设计：锋尚设计
责任校对：赵　力

健康导向下的绿色开放空间设计
马　明　李东辉　周　靖　著

*
中国建筑工业出版社出版、发行（北京海淀三里河路9号）
各地新华书店、建筑书店经销
北京锋尚制版有限公司制版
建工社（河北）印刷有限公司印刷
*
开本：787毫米×1092毫米　1/16　印张：15　字数：277千字
2024年4月第一版　　2024年4月第一次印刷
定价：**66.00**元
ISBN 978-7-112-29251-6
　　　（41956）

序

  《健康导向下的绿色开放空间设计》是一部既勇敢又成功的著作。它的勇气体现在对那些似乎过于复杂、难以解析的现象和研究文献进行了深入研究。而其成功之处在于为我们提供了一条清晰的路径,超越了我们对身体活动作用于健康的直觉认知,为我们带来了坚实的科学知识。此外,它提供了一种改进的、基于知识的健康导向设计方法,而当前这类设计方法通常仅仅依赖于直觉或有限的研究。总体而言,该著作让我们从模糊的设计改善健康的愿望中迈出了坚实的一步,并对绿色开放空间的元素和设计实际促进公共健康的机制进行了有针对性的分析。

  这本书不仅在体力活动、健康和设计的重要内容上引起了读者的兴趣,还提供了一个坚实的理论框架。这个理论框架为实证研究奠定了基础,并使其他研究者能够应用这些方法。这一理论框架在追求相关高水平研究方面尤为重要。马明博士灵活地将这种方法称为环境—行为—健康。与记录过去设计中如何将体力活动和健康联系起来不同,这里的主要见解是新设计必须"干预"我们通常不健康的日常活动习惯。作者有力地论证了被动地接触自然环境对于改善健康是不足够的,相反,提出了主动参与健康行为的目标。

  本书对中国和西方绿地概念进行了大胆的比较,不仅在抽象层面上,还通过对苏州十个公园绿地的实证研究进行了详细分析。该书的价值在于提供了具体的指导,涵盖了绿色开放空间设计的三个层面和九个因素,包括设施种类、运动健身服务设施数量、公共服务设施数量、入口数量、步道长度、步道结构、步道材质、可活动区域比例和景观区域比例。这个"矩阵"通过六个复合因素进一步详细阐述,包括可达性、连通性、步行性和功能性、安全性以及视觉质量。分析方法保持了适度的批判性，清晰地报告了相关性水平和无关联的领域。因此，该书提供了可信赖、细致入微的研究。更为重要的是，该书提出的网络模型分析克服了在空间环境、身体质量指数（BMI）和生理健康质量（PCS）之间寻求简单线性因果关系的倾向。由此得出的设计策略经得起验证，可在各种绿色开放空间设计中成功应用。因此，该书可以称为成功的健康导向设计的手册或入门指南。

罗伯特·摩戈劳尔博士
华盛顿大学教授兼名誉院长

Prologue

Health-Oriented Design of Urban Green Open Space is at once courageous and successful. It is courageous because it engages phenomena and research literature that seem to be too hopelessly complicated to yield much knowledge. It is successful in that it provides a clear path to move beyond our intuitive understanding of physical activity as beneficial to health, to provide a good deal grounded scientific knowledge. Additionally, it provides a way to improve knowledge based health–oriented design, whereas now such design generally is also only intuitive or based on a small number of limited research studies. Overall, it makes a strong contribution to moving from the unfocused desire to improve health by way of design to a focused analysis of the elements of green open space and the mechanisms though which design can actually promote public health.

While the substantial content concerning physical activity, health, and design will be of interest to all readers, the book also provides a strong theoretical framework. This latter dimension grounds the empirical work and allows application of the methods by other researchers. And of course, this dimension is especially important in order to qualify as legitimate high–level research. Dr. Ming Ma aptly characterizes this approach as Environment–Behavior–Health. Rather than recording how physical activity and health have been related in past design, the driving insight here is that new design must "Interfere" with our usual—all too unhealthy—routine activity. A convincing argument is made that passive contact with the natural environment is inadequate in regard to improving health. In its place the author proposes that the goal be active participation.

A bold comparison is made of Chinese and Western concepts of green open spaces, not only at a sophistical abstract level but through empirical analysis of ten green open spaces in Suzhou. Much of the book's value lies in the specificity provided, which covers three layers and nine factors: types of facilities, number of sports facilities and of service facilities, number of entrances, length, structure, and material of walkways, as well as the activity and landscape areas. This "matrix" is further elaborated through six compound factors, including accessibility, spatial connectivity, walking and function, security and visual quality. Importantly, the analysis remains properly critical, clearly reporting levels of correlation and areas where there is no correlation. Thus, the book provides trustworthy, fine-grained research. Importantly—and an important theoretical accomplishment—the proposed network analysis overcomes the tendency to seek simplistic linear causal relationships among the constitutive elements and body mass index (BMI) and physical-health quality (PCS). The result is a set of design strategies that are demonstrably successful and open to future application in a wide variety of designs. Accordingly, it is not too strong to say that the book can serve as a handbook or primer for successful health-oriented design.

Robert Mugerauer, Ph.D.
Professor and Dean Emeritus
University of Washington

前　言

　　伴随着快速城市化与机动化进程，体力活动不足所带来的非传染性慢性疾病成为人们面临的主要健康问题之一。作为市民户外休闲活动的主要载体，绿色开放空间所承载的自然资源和空间要素对于促进市民身心健康有着积极意义。然而目前针对绿色开放空间设计与使用者健康的研究大多集中在康复性景观领域，缺乏通过行为干预来提升使用者健康效用的相关讨论，因此本书基于公共卫生学和运动医学等学科研究，尝试以体力活动作为纽带，将绿色开放空间设计与使用者健康联系在一起，通过实证研究为进一步提升绿色开放空间健康效用提供依据。围绕着"设计与健康"这个基本主题，本书试图解答：绿色开放空间影响健康的途径有哪些？其影响健康的主要设计要素有哪些？其影响健康的机制如何？如何可以通过设计有效增强其健康促进作用？

　　首先基于社会学、卫生学和行为学等基础研究，本书提出了环境—行为—健康的理论研究构架。环境可以通过调节人的行为方式从而产生长期而稳定的健康影响。其次，对绿色开放空间影响健康的途径进行了讨论，提出了主动—被动途径框架。绿色开放空间产生的健康效用是基于其自然要素和场所要素通过四种方式的主动参与和被动接触来实现的，它包括：自然要素的生态康复作用和恢复性环境作用，场所要素对体力活动和社会交往的支持，这体现了其健康效用的自然性和开放性的统一。结合目前研究的问题，本书将主动参与作为主要研究路径，以体力活动作为具体联系绿色开放空间设计与健康的纽带。从体力活动的角度，通过实地调研和文献引证的方法归纳了绿色开放空间影响健康的基本和复合设计要素，其中基本设计要素包括了点性、线性和面性基本设计要素及其九个因子：设施种类、运动健身服务设施数量、公共服务设施数量、入口数量、步道长度、步道结构、步道材质、可活动区域比例和景观区域比例。复合设计要素包括了三个层面的六个要素，其中：可达性和连通性复合设计要素从空间层面主要影响了体力活动的频率；步行性和功用性复合设计要素从场所层面主要影响了体力活动的类型；安全性和美观性复合设计要素从感知层面主要影响了体力活动的时间。

　　在以上研究的基础上，利用实证的方式分析了绿色开放空间设计、体力活动和健康的三角型相互关系。具体研究发现如下：①随着体力活动水平的提高，使用者相关健康水平也在提高，这种提高主要表现在身体质量指数（BMI）和生理健康质量（PCS）改善方面。②绿色开放空间的基本设计要素对使用者体力活动有着不同程度的影响，从点性基本设计要素来看，入口节点和休憩娱乐设施对于低体力活动水平者吸引力较大，步道与广场节点交会处、滨水步道对于中体力活动水平者吸引力较大，锻炼设施附近和围合性较好的广场对于高体力活动水平者吸引力较大，公共服务设施数量与中、低水平体力活动者人数有正向关联性。从线性基本设计要素来看，步道密度与中体力活动水平者人数有一定正向关联性，有岔路的环状步道结构吸引的步行者最多。从面性基本设计要素来看，可活动区域比例与中体力活动水平者人数有一定正向关联性。景观区域比例与低体力活动水平者人数有着正向关联性。③不同的复合设计要素与使用者健康有着不同程度的关联性，其中最显著的为可达性与功用性复合设计要素。它们主要影响使用者的生理健康方面，没有发现显著的心理健康影响。④根据网络模型分析，绿色开放空间对健康的影响既与复合设计要素本身有关，也与设计要素的相互关系紧密程度有关，这表明绿色开放空间的设计应该在增强某些设计要素的同时，也考虑设计要素之间的协同性，据此提出了 BMI 设计指数和 PCS 设计指数。依据循证理论，在实证基础上提出了通过基本和复合设计要素来增强绿色开放空间健康效用的设计策略。首先，优化点性基本设计要素布局，改善线性基本设计要素的结构和品质，统筹面性基本设计要素配比；其次，增强复合设计要素的中心性、多样性和开放性；最后，提出了对于城市和建筑设计的启示。

本书主要包括了三个部分。第一部分为理论部分，由第2、3章组成。首先阐述了研究的理论基础，结合目前已有的行为学、社会学和公共卫生学的相关研究进展，提出了环境—行为—健康的理论框架。其次是绿色开放空间影响健康的途径，基于纵向时间维度以及横向效用维度的分析，梳理了影响健康的环境组成及其影响健康的方式，在两者的基础上提出了绿色开放空间影响健康的两个路径：被动接触和主动参与。第二部分为实证部分，由第4、5、6章组成。该部分首先梳理了绿色开放空间影响健康的基本和复合设计要素。在基本设计要素基础上对绿色开放空间与使用者体力活动以及健康的三角型相互关系展开了实证研究。研究发现了体力活动水平与健康效果的对应关系，点性、线性和面性基本设计要素与体力活动水平有着不同的对应关系，复合设计要素除了其本身与使用者健康有着关联，其相互之间关系对于绿色开放空间设计的健康效用也有着影响。第三部分为设计研究，由第7章组成。该部分基于循证设计的理论，提出了绿色开放空间健康设计的循证思路，通过实证研究来提供设计依据是提高绿色开放空间健康效用的一个有效途径，基于第二部分实证研究的结果和已有的类似研究，提出了提升绿色开放空间健康效用的两个设计策略，归纳了其价值取向并揭示了对于建筑和城市设计的启示。

本书通过探讨绿色开放空间对使用者健康的影响途径，明确其影响健康的设计要素和分析方法，通过实证研究比较不同的环境组成、设计要素与健康的关系，为提升绿色开放空间健康效用的循证设计提供依据。为城市绿色开放空间建设和发展提供借鉴，在规划层面合理布置绿色开放空间和进行环境配置，为设计师提升健康效用的相关循证设计提供依据，并可以为景观设计的园艺治疗、休憩治疗方法提供支撑，它主要体现在：①明确了绿色开放空间设计影响健康的组成、方式和途径，并提出了从体力活动出发分析设计与健康关系的具体构架和要素；②基于体力活动视角，结合公共卫生学和运动医学的量化工具和网络模型分析方法来研究绿色开放空间设计与健康的关系，并发现了一些新的实证结论；③提出了体力活动导向的具体设计策略，与目前已有的恢复性环境导向的设计策略互为补充，拓展了绿色开放空间促进健康设计的内容。

Introduction

With the rapid urbanization and motorization process, non–infectious chronic diseases caused by insufficient physical activity have become one of the main health problems faced by people. As the main places of outdoor leisure activities, the natural resources and spatial elements carried by the Green Open Space (GOS) are of positive significance for promoting users' physical and mental health. However, the current research on GOS design and user health is mostly concentrated in the field of rehabilitation landscapes, and there is no discussion about how to improve the health of users through behavioral intervention. Therefore, this book is based on the research of public health and sports medicine. Use physical activity as a link to link the design of GOS with the health of users, and provide a basis for further improving the health effects of GOS through empirical research. Focusing on the basic theme of design and health, this book attempts to explain the ways in which green open spaces affect health, what are the main design elements that affect health, what are the mechanisms that affect health, How can they effectively enhance their health promotion effects through design .

At first, a theoretical research framework of Environment–Behavior–Health is proposed based on basic research such as sociology, public health and social–behavior. The environment can produce long–term and stable health effects by affecting human behavior. Secondly, the ways in which GOS affect health are discussed, and an active-passive approach framework is proposed. The health effects of the GOS are realized based on the active participation and passive contact of its natural elements and site elements in four ways. It includes the ecological rehabilitation and restorative environmental effects of natural elements, and the effects of site elements on physical activity and social communication. The support of social capital reflects the unity of naturalness and openness of its health effects. Combining the current research issues, taking active participation as the main research path, and physical activity as the link between GOS design and health. From the perspective of physical activity, through field research and literature search methods, the basic and composite design elements of GOS affecting health are summarized. The basic design elements include three categories of point, linear and surface elements with nine sub–categories: the types of facilities, the number of sports and fitness service facilities, the number of public service facilities, the number of entrances, the length of the trail, the structure of the trail, the material of the trail, the proportion of the movable area and the proportion of the landscape area. Composite design elements include six elements on three levels. Among them, accessibility and connectivity mainly affect the frequency of physical activity from the spatial level, and walkability and affordability mainly affect the type of physical activity from the place level. Safety and aesthetics mainly affect the duration of physical activity from the perception level.

Following the study above, the triangular interrelationship between GOS design, physical activity and health is analyzed using empirical methods. The specific findings are as follows: ①As physical activity increases, the relevant health level of users is also improving, which is mainly manifested in obesity (BMI) and physical health quality (PCS). ②The basic design elements of a GOS have various influence on users' physical activities. Regarding the point elements, the entrances and recreational facilities are more attractive to people with low levels of physical activity. Waterfront trails are more attractive to people with moderate physical activity levels, and the vicinity of exercise facilities and squares with better enclosures are more attractive to people with high physical activity levels. The number of public service facilities is positively associated with the number of people with low and medium levels of physical activity.Regarding the linear elements, the density of the trail has a certain positive correlation with the number of people with moderate physical activity levels. The trails with loop structure attract the most pedestrians. Regarding the area elements, there is a positive correlation between the proportion of movable areas and the number of people with moderate physical activity levels. There is a positive correlation between the proportion of landscape area and the number of people with low levels of physical activity. ③Different composite design elements have correlations with the users' health, among which the most notable is the accessibility and connectivity. They mainly affect the physical health of users, and no significant effects on mental health have been found. ④According to the analysis of the network model, the health impact of GOS is not only related to the design elements, but also correlated with the interrelationship of the design elements. This indicates that the design of GOS should enhance multiple design elements at the same time, and the synergy between design elements should also be considered. Based on this, the BMI design index and the PCS design index are proposed. Based on the EBD theory, a design strategy for enhancing the health of GOS through basic and composite design elements is proposed. To begin with, it is essential to enhance the arrangement of the point–based fundamental design elements, enhance the structure and excellence of the linear elements, and harmonize the proportion of surface–based elements. Secondly, enhance the centrality, diversity and openness of composite design elements. Finally, the enlightenment for urban and architectural design is proposed.

The book comprises three parts mainly, the first part is about theoretical foundation, including second and third chapters. At first, the theoretical basis of the research is explained, and combined with the existing research progress in behavior, sociology and public health, the conceptional framework of environment–behavior–health is proposed. The second part is the pathway by which GOS affects health. Based on the analysis of time and utility dimension, the composition of the environment that affects health and the mechanism are sorted out. The two aspects of GOS affecting health are proposed as: passive contact and active participation. The second part is the empirical research, mainly composed of the fourth, fifth, and sixth chapters. This part firstly summarizes the basic and composite design elements of GOS and an empirical study is carried out on the triangular interrelationships between GOS, users' physical activity and health. The study found the correlations between physical activity and the health effect. The basic design elements of point, linear and area have different correlations with the level of physical activity. The composite design elements are not only associated with the users' health, but also among each other, which have an impact on the health of users. The third part is about design research, this part proposes evidence–based evidence for the health design. Providing evidence via empirical research is an effective way to improve the health effect of GOS. This part put forward two design strategies to improve the health benefits of GOS, extracting their value orientation and revealing the enlightenment for architecture and urban design.

This book explores the ways in which GOS affect users' health, clarifying its design elements and analysis methods, then compares the relationship between environmental components, design elements and health through empirical research, in order to improve GOS. In order to facilitate the construction and advancement of GOS, it is essential to establish a well–founded reference framework. This involves strategically determining the GOS and environmental configuration during the planning phase. By doing so, designers are equipped with valuable evidence to enhance the health benefits of GOS, as well as to implement effective horticultural and restorative treatment methods in landscape design. The highlights of the book include: ①It clarifies the composition, methods and ways of GOS design affecting health, and puts forward the specific structure and elements from physical activity. ②From the perspective of physical activity, the book combines with the quantitative tools of public health and network model analysis to study the relationship between GOS design and users' health, and founds some new empirical conclusions. ③A specific physical activity–oriented design strategy is proposed, which complements the existing restoration–oriented design strategy, and expands the content of GOS to promote health design.

目 录

第 8 章 结语

第 1 章

导论

1.1 城镇化与公共健康危机

1.1.1 高强度城镇化的影响

在过去30年间，我国大部分地区经历了快速与高强度的城镇化过程，城镇化率从1995年的31%快速发展到2022年的64.72%[1]，9个大型城市达到了世界高密度城市标准，数量仅次于印度[2]。在享受着城市生活带来的便捷的同时，高强度的快速城镇化也带来一系列健康问题。

（1）城市环境污染带来的健康问题

快速工业化过程导致了较为严重的空气、土壤和水污染的问题。其中被媒体关注较多的"雾霾"现象对于市民健康有着重要影响，根据以色列、美国和中国科学家的一项联合研究发现，雾霾导致部分北方城市居民预期寿命减少5.5年[3]，世界银行的调查报告认为某些重污染城市的空气恶化程度对儿童的伤害，几乎相当于让其每天吸两包烟。然而这些仅仅是能被大众直接感知到的城市污染的一个方面，相比之下，国内大中型城市中普遍严重的土壤重金属污染、水污染对于人类健康的危害更加隐蔽且危险。

（2）对于机动车的依赖所带来的健康问题

20世纪90年代后期，国内私家车逐渐普及加之城市的大规模扩张，以机动车为导向的城市空间格局逐步取代了传统的街巷尺度，对于速度与流量的考虑远远高于对步行环境的营造，路网与道路的规划设计以速度为优先考虑，忽视了对于步行与骑行环境的建设，使得市民出行依赖机动车，相应的，步行、自行车出行时间和距离减少，容易导致超重和肥胖问题，拥有更长机动车交通驾驶时间和更少步行时间的人群，其肥胖比例更高[4]。

1.1.2 市民体力活动的下降

随着生活方式的电子化和信息化，市民体力活动下降的问题日益严峻。虽然早在1995年5月，国务院就颁布了《全民健身计划纲要》，以促进全民通过加强体育锻炼，提高国民身体素质，然而根据2004年的一项国际联合研究，每天满足30分钟以上中等强度或者高强度体力活动的中国城乡居民成年人比例分别为21.8%和78.1%[5]。体力活动不足的现象在青少年中尤为严重，由于学业负担，被调查的青少年中仅有8%的人会在课余时间有规律地参加中等强度和大强度运动[6]。

市民体力活动不足主要体现在交通和生活型体力活动方面，它们构成了人们日常体力活动的主要内容，随着居民的出行半径逐渐增大，人们对于机动车交通的依赖增大，非机动车出行时间减少。另一方面，人们的生活方式日益便捷化，普遍地用电器代替了传统的体力家务劳动，电梯的使用更减少了人们上下楼梯的活动，互联网的应用甚至省去了我们出门购物、休闲和吃饭的相关体力活动需求，由此生活性体力活动水平也在降低。

1.1.3 城市流行病谱的改变

（1）慢性非传染性疾病成为主要流行病谱

我国城镇居民主要流行病谱已经较30年前有了较大的改变，目前慢性非传染性疾病已经成为危害我国居民健康的主要公共卫生问题，并且呈现持续和快速增长趋势，烈性传染病如结核、白喉等占人口死亡率的比重大幅下降，慢性非传染病成为目前城镇人口的主要流行病谱，其中癌症发病率逐年提高，心血管疾病成为城市居民死亡的第一诱因，并且其死亡率已经高于日本、法国等发达国家。青少年中肥胖人口比率日益提高。城镇死亡人口的80%与慢性病有关，慢性病的治疗费用占到我国医疗总支出的约68%[7]。

（2）精神和心理疾病发病率不断提升

城镇居民的精神疾病发病率相比慢性非传染性疾病发病率有更加严重的上升趋势，根据卫生部统计资料，精神疾病的相关支出占我国总疾病财政支出的五分之一，超过了心脑血管疾病、呼吸系统疾病和恶性肿瘤，精神疾病在中国疾病总排名中居首位[8]。造成精神疾病障碍的因素复杂多样，其中城市空间的改变有着明显影响，长期居住在高密度城市环境中远离自然，容易使人产生焦虑、抑郁等心理疾病。

1.1.4 以心血管疾病为代表的健康老龄化挑战

老龄化是我国基本国情，积极应对老龄化是国家重要战略。据统计，截至2021年末，我国有14.2%的65岁以上人口，并仍处于快速老龄化阶段，预计2035年左右将进入重度老龄化阶段，这对社会和经济各方面都将产生深远影响，尤其是和年龄相关的老龄化健康问题。中央将积极应对老龄化提高到国家战略层面，《"十四五"健康老龄化规划》提出了实现"健康老龄化，满足老年人多层次和健康养老需求"的具体战略要求，因此发挥学科特点、研究促进老年人健康水平和生存质量的方法和途径具有重要社会意义。

心血管疾病（Cardiovascular Disease，CVD）与老人的综合健康水平关系紧密。CVD以其较高的致死率和致残率成为全球最主要的慢性病以及公共卫生负担，成为威胁老年人健康水平的首要风险，并呈持续上升趋势，1990年到2019年间，患病人数从2.71亿人上升到了5.23亿人，死亡人数从1210万人上升到了1860万人。

随着快速城市化带来的出行机动化和生活方式静态化（图1-1），我国CVD发病率呈快速上升趋势，依据国家心血管中心的《中国心血管健康与疾病报告2021》，CVD相关疾病死亡是城乡居民死亡的首要原因（图1-2），每年因其死亡的人数约177万人，全国约有3.3亿人有不同程度的CVD问题，其发病率随着年龄的提高而显著上升，且呈地域不均衡的趋势，其中农村发病率为46.66%，城市为43.81%，西部高海拔地区发病率高于其他地区。考虑到地域经济水平和老龄化的不匹配关系，CVD给西部偏远地区的老年人健康水平和公共卫生造成沉重负担，因此促进CVD对提高老年人整体健康水平、实现健康老龄化的国家战略有着重要意义。

造成CVD风险的前四位要素分别是饮食、体力活动、吸烟和饮酒，良好的生活方式可以预防接近80%的CVD风险。从近期CVD快速增长来看，考虑到个体遗传等因素无法短时间剧变，出行机动化和生活静态化导致的体力活动不足已经成为威胁老年人CVD发病率的重要风险要素，例如私家车出行、看电视、刷手机等静态行为（sedentary behavior）的比重不断增加。

基于Sallis的社会—生态模型，城市空间可以影响居民的体力活动水平，其规

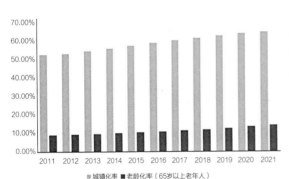

图1-1　我国2011~2021年的城镇化率与老龄化率[①]

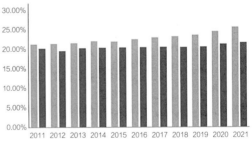

图1-2　我国2011~2021年的CVD死亡率[②]

---

① 老龄化率为65岁以上人口占总人口的比例。
② 某疾病死亡率为因该疾病死亡的人口占因疾病死亡人口的比率。

划设计可以作为主动干预体力活动的手段，它比单纯医学手段更加经济且可持续。不同类型城市空间影响体力活动的程度不同，其中人居空间环境与老年人日常生活密切相关，城市空间环境要素如区位、可达性、功能布局、空间结构、环境设施、景观绿植等环境特征与体力活动水平关系密切。公园绿地影响体力活动的要素和机制较为复杂，且相互重叠。决策者需要理解不同条件下的这些要素和影响机制，从而明确环境干预路径。迄今针对绿色开放空间如何影响老年人体力活动的探讨仍较匮乏，导致其规划建设活动缺少指导，这是本书的主要研究动力之一。

"健康中国"已经成为新型城市化的重要内容，它需要为市民提供积极的公共空间和场所，以促进其健康的生活方式，2016年中央颁布的《"健康中国2030"规划纲要》提出要"建设健康环境，覆盖各个人群的全生命周期，统筹建设全面健身设施，鼓励开发适合不同人群和地域的特色运动项目"，2022年党的二十大报告也将"健康中国"放到了基本国策的层面，提出"把保障人民健康放在优先发展的战略位置，完善人民健康促进政策"，并对"推进健康中国建设"做出全面部署。本书有助于从城市空间层面来提高老年人健康水平，是响应我国《"十四五"国家老龄事业发展和养老服务体系规划》中"健康老龄化，满足老年人多层次和健康养老需求"的重要举措。同时如何因地制宜地构建健康的空间和场所也是建筑规划学科的重要任务。

1.2 绿色开放空间与健康的研究概述

健康除了受到个人遗传、生活方式和社会因素影响外，也与建成环境的改变密切相关[9]，城镇化所带来的交通机动化以及日常生活静态化导致了市民体力活动的普遍下降，而体力活动不足是解释目前公共健康问题产生的重要原因之一。如何通过积极的环境空间设计，使得使用者达到一定量的体力活动水平，从而降低肥胖率和慢性疾病发病率成为目前交叉学科的一个研究热点。建成环境对于健康的影响主要体现在四个方面：土地利用、道路交通、空间形态和绿地及开放空间[10]，作为城市的第二自然，绿色开放空间自身所带有的生态性和开放性对于市民健康有着积极的意义[11]，它是城市开放空间系统的一部分，也是市民接触自然的主要场地。

绿色开放空间对身心健康有益的观点已经为学界和社会所广泛接受，也得到了相关理论和研究的证明。无论是政府部门还是民间组织都在大力推进绿色开放空间健康网络的建设。世界卫生组织（World Health Organization，WHO）在欧洲推进的健康城市建设中一项重要的内容就是，强化绿色基础设施的延伸和连接，增加绿色开放空间与社区的关联。在北美，美国政府主导的"健康公园"计划也旨在推进公园绿地促进市民健康的能力，通过结合慢行步行系统和洲际绿地，将都市与自然紧密联系起来。因此，绿色开放空间不仅是城市开放空间和绿地系统的一个构成部分，也是城市健康系统的组成部分，是市民锻炼身体、放松心情和社会交往的重要场所。

1.2.1　绿色开放空间有助于使用者健康

绿色开放空间有助于使用者健康的研究主要集中在以下几个方面。

（1）将绿色开放空间作为一种自然环境，与人工环境进行比较进而获得绿色开放空间更加有利于人类健康的结论

将绿色开放空间看成是某一绿地类型与人工环境进行比较，这点往往基于自然环境对于人类健康正面性影响的研究，其结论往往发现绿色空间相比于人工空间在减轻疾病症状和缓解压力方面有更好的表现。Rodiek通过对比老年人在绿地和室内进行活动后的唾液皮质醇水平发现，绿地组老人的唾液皮质醇水平要低于室内组老人，表明绿地有更好的缓解压力的作用[12]。Hartig通过模拟场景发现森林和野生动物画面比城市商业街区画面更能让被试者情绪提升、血压降低、压力缓解[13]。日本学者宫崎利用大屏幕也得到类似的结论，当使用者观察到森林、山川的景观，他们的脑电波会呈现舒服镇静的状态[14]。而瑞典学者则发现，老年人在花园中比在室内获得更高的专注力，大多数受访者会选择自然元素主导的环境来放松心情[15]。

（2）分析不同自然度的绿色开放空间所带来的健康效用

在明确绿色环境比人工环境可以带来更多健康恢复益处的基础上，定量地分析不同自然度对于健康的影响，进一步证明自然环境对于健康的促进作用。这类研究往往将绿色开放空间类型按照自然程度划分，证明自然度与人健康的正向关联。Kuo研究发现随着社区公共空间绿化数量的增加，居民的精神疲劳缓解，处理问题的能力提升[16]。Carrus将公园、广场、松木林、城市建成区进行对比，研究自然度与知觉恢复的关系，发现松木林对于使用者的知觉恢复能力最强[17]。有学者以城市中心缓解为控制组，比较了城市公园与森林的压力恢复作用，并没有发现显著的差异[18]。还有学者将公园、街道、林地、森林等类型进行对比，发现了不同自然度对于情绪改善有着一定的作用差异[19]。

（3）从景观生态绩效角度探讨绿色开放空间的健康效用

人与自然的关系一直是景观学科的关注点，生态学和景观学的研究往往把绿色开放空间归类为城市绿色基础设施的一部分，对其景观生态绩效的研究占了绝大比重，将健康效用作为生态绩效的一个副产品。绿色开放空间的规模和植物布局可以影响其缓解环境污染的能力，从而产生一定健康益处，结合城市的布局，绿色开放空间可以形成城市的"给风廊道"，其本身的植被尤其是乔木类植物可以起到净化空气和吸收粉尘的作用[20]。线性绿色开放空间的宽度超过30m可以显著降低周边居民呼吸道系统疾病的发病率[21]，公园绿地的规模与消除$PM_{2.5}$的能力有着正相关。并且研究还表明，将小型绿色开放空间整合为均匀分布的几个大型绿色开放空间不仅可以增强其降低污染的能力，也可以起到削弱热岛效应，带来健康益处的作用[22]。在植物布局方面，乔灌草的复合搭配是可以为居民带来较好健康作用的组合[23]，其中乔木的比率与人体健康相关性最强，它可以起到净化空气、固碳释氧、降噪、改善小气候及产生空气负离子等作用[24]。虽然这种研究体现了生态健康和人健康的统一性，但是其关注的重点是生态的健康，这是以物种导向的而非人需求导向的。

（4）从环境恢复作用来探讨绿色开放空间的健康效用

恢复性环境作用是指"恢复满足日常生活的生理、心理和社会资源的消耗的过程"。该方向的研究主要以环境心理学为依托，通过实验的手段对于人的绿色视觉接触和心理健康关系进行研究。从进化的角度来看，人对于绿色空间有一种亲近的本能，这导致后者可以无意识地对人体产生一系列恢复性作用：一方面它可以减轻城市环境负荷，起到提升注意力的效用；另一方面，相比人工环境，接触绿色空间哪怕仅仅是视觉接触也会带来压力缓解、情绪改善的健康效用。这部分研究主要基于压力恢复和注意力恢复理论，相关实验研究多采用生理测量和心理测试的方法来证实绿色开放空间能带来的积极健康效用。其中影响最为显著的有Ulrich的环境实验[25]，对比关注于人工环境，观察绿色开放空间可以降低实验者的压力水平，放松实验者的心情，改善其情绪[26]。另外，Kaplan的恢复环境理论有很大影响，他通过实验发现观察绿色开放空间可以减缓注意力疲劳，快速恢复直接注意力水平，增强人的认知功能[27]。不过，两者的研究也存在一定问题，其实验方法虽然可以精确地量化环境与健康变量，但是实验者的样本人数有限，此外其研究的成果缺少长期的日常经验方面的结论。

（5）以绿色开放空间要素和特征为内容，分析景观偏好带来的健康影响

这部分研究强调自然环境偏好与身心恢复之间的联系，分析绿色开放空间对

于知觉恢复的影响，不少研究认为两者具有相当的一致性，有理论推断自然产生的视觉美感是由人的内在需求和本能决定的，包含着自然界和生物学的价值在其中，健康是这种内在需求的一个结果。Tveit通过比较城市自然景观和城市建筑景观，分析了景观偏好和恢复性分析的关系[28]。Pazhouhanfar等以绿色开放空间等城市自然空间的图片作为刺激物，考察了视觉偏好是否能够反映环境的恢复性[29]。Grahn探讨了绿色开放空间影响知觉的八个维度（表1-1），包括安静、空间、自然、物种多样化、庇护、文化、远景和社交，发现其中庇护和自然这两个维度与压力缓解的关联度最高[30]。该研究以维度的方式区分了恢复性环境的不同特征，由于维度的概念过于抽象，较难与实际的物质空间相对应，缺少指导设计的意义。Hobbs等分别采用像素点量化和视觉追踪探讨了街角公园中不同景观要素的恢复性[31]，虽然对于使用者偏好和景观特征进行了比对，但是缺少以空间类型为背景的场地分析，研究成果难以在设计中应用。

Grahn关于恢复性环境作用的八个维度 表1-1

恢复性作用的维度	维度的定义	维度的载体	维度的体验
安静（serene）	该维度表达的是一个不被打扰、安静以及让人冷静的环境，人们在这里可以得到精神上的放松	有一定围合的空间，维护良好的场所，有可以观察的位置	1. 景观很安静和宁和 2. 在景观中没有机动车的噪声 3. 使用者在其中不必接触到很多人
自然（nature）	该维度包含了一种对于自然内在的恢复力量的体验，完全由自然本身所展现的维度	绿色的植被、水和动物等自然要素，未经雕琢的地貌如自然生长的草坪	1. 景观具有自然的特征 2. 该自然的特征应该是未加雕琢和干预的 3. 有自由生长的植被区域
物种多样性（rich in species）	该维度包含了一系列生物存在的表达，它体现了自然活力和生命对于康复的重要性	多种植物和动物，包括不常见的外来物种	1. 可以看见几种生物如鸟类、虫子和小哺乳动物 2. 景观中包含了一定的本地植物和动物
空间（space）	该维度包含了给人宽敞体验的绿色环境，并且具有一定程度的连通性	完整的地块，连续性的空间，清晰空间结构	1. 景观的体验是开敞和无拘束的 2. 没有被道路或步道所打断的空间 3. 可以找到一个几个人聚集的场所
远景（prospect）	该维度包含了具有超越周边环境的视景和展望，它往往通过一片旷野为使用者提供想象的空间	视野开阔、修建正确的草地，小型的活动场、球场	1. 景观周边有良好的视野 2. 通过周边的环境可以望见远方 3. 周边的草坪、灌木都是修理过的
庇护（refuge）	该维度包含了一个围合的以及安全的环境，人们可以在里面活动并且观察其他人活动	有围合的空间，可以独处的私密性空间，同时保证视线的贯通	1. 景观中包含了很多灌木和乔木 2. 可以观看其他人活动 3. 景观中让人感觉安全的围合空间

续表

恢复性作用的维度	维度的定义	维度的载体	维度的体验
社交（social）	该维度是指环境对于社交活动的支持	休憩娱乐设施，硬质铺装广场，有阳光和阴凉的休息场地，人可以聚集的场所	1. 景观中可以观看到娱乐活动如露天音乐会 2. 景观中可以观看到展览 3. 景观中包含小餐厅、咖啡厅等休闲场所
文化（culture）	该维度包含了使用者的文化经历，使用者需要通过文化和自然来理解周围环境	诠释文化的景观要素如喷泉、雕塑、亭子、廊桥	1. 景观中包含水景，如喷泉等 2. 景观中包含雕塑 3. 景观中包含了一系列装饰植物、外国植物和家居植物

来源：根据"GRAHN P, STIGSDOTTER U K. The relation between perceived sensory dimensions of urban green space and stress restoration [J]. Landscape and urban planning, 2010, 94（3-4）: 264-275"改绘。

（6）从环境—行为的关系探讨绿色开放空间对于使用者的健康效用

Marcus等根据行为科学与健康相关领域的研究，深化了Ulrich的支持性花园理论，认为绿色空间可以增加使用者控制的能力和隐私权的所有感，从而通过环境来刺激活动参与，带来身体机能的提高，并有助于维生素D和钙质的合成，改善肌肉强度，降低疾病带来的疼痛感觉。

人在绿色开放空间大部分的活动为休闲类活动，这部分活动在健康促进方面的作用日益受到重视，David R Austine在《治疗式休闲：原则与实践》一书中提出了"休闲疗法"这一概念，他认为休闲活动重点是游戏的心态、愉悦的态度和释放有益身心的情绪，人可以获得身心的平静，恢复生理机能，预防疾病发生。

在这类研究中，绿色开放空间多以整体的形态出现。Akpinar分析了其可达性与使用情况的关系，进而分析体力活动与健康的关系[32]；Zhang等对于城市公园使用者的活动程度进行了分析，分析了体力活动与心理健康之间的关系[33]；Estabrooks考察了公园的可达性、使用者活动的频率及逗留时间，将公园活动类型分为社会型、自然型和运动型[34]。通过50篇相关文献综述发现，绿色开放空间的一些空间属性如接近性（proximity）和可达性（accessiblility）、空间安全性、美观性、设施、维护、接近度与人的体力活动具有一定相关性[35]，绿地开放空间的密度越高，分布的均衡度越大，其对于使用者体力活动水平的提升作用越大。洛杉矶的一项研究表明，居住在公园附近1.6英里（1英里≈1.6km）以内的居民其体力活动水平比居住在1.6英里以外的高21%，其肥胖比率降低了34%[36]。2010年，丹麦一项国家普查利用GIS对比绿色开放空间分布与慢性病发病率发现，绿色开放空间的分布密集地区，居民患心脑血管疾病以及2型糖尿病的比率降低14%。然而尽管有大量的研究，却没有得到相对稳定的结论，如Lachowyc以及Jones的一项统计发现，在关于可达性与体力活动的研究中，仅有40%发现了显著的联系[37]。

绿色开放空间的健康效用取决于人们的空间体验和场地中进行的活动。在环境要素数量和种类类似的情况下，不同的空间组织形式会有不同的恢复效果。另一方面，虽然对体力活动的程度有所区分，但仅仅是用于能量换算，并未将使用者活动与具体环境要素进行对应。对于绿色开放空间内部特征和空间组成并没有探究。因此，难以建立起环境、行为和健康之间的关系。

1.2.2 绿色开放空间对老年人的心血管疾病预防有着积极益处

公园绿地为代表的绿色开放空间是老年人进行锻炼和户外互动的主要场所，随着老年人闲暇时间的增加，接触公园绿地对于其生理、心理和精神都能带来不同程度的综合健康益处。公园绿地中的自然要素可以带给使用者环境恢复性体验，同时促进其进行社会交往等活动，降低老年人负面情绪、孤独感和压力，并增强其自我幸福感。老人在公园绿地进行的活动类型包括通过型、休闲型和康体型，这些活动有利于降低静态行为，降低慢性病的发病风险和症状程度，改善老年人的整体健康和生活质量。

接触绿色开放空间可以带来综合的健康效益，但是其程度受到了其类型和环境特征，以及使用者健康状态的影响，呈现出较为复杂的机制。绿色开放空间的可达性、设施配备、环境品质、设计感和安全感等环境要素被发现与老年人健康有着显著相关性。绿色开放空间影响健康主要体现在主动参与和被动恢复两个途径，被动恢复主要是公园绿地中自然要素所带来的环境恢复性作用，这始于本杰明等人所提出的园艺和景观疗法。主动参与主要包括促进体力活动和社会交往。适宜的体力活动可以带给老年人多种健康益处如提高骨骼肌密度，减缓机体衰老，由于较好的可达性和低廉的成本，绿色开放空间往往是老年人体力活动的重要供给空间，早期研究将其作为目的来讨论对于交通型体力活动的影响，这种研究多从宏观的尺度展开，并发现公园绿地的距离及其分布密度与老年人生理健康水平有着正相关。目前逐渐深入到中微观层面分析绿色开放空间环境品质的影响，研究表明其功能布局、空间结构、节点设计、环境设施都会影响老年人体力活动的水平，绿色开放空间的绿量、规模、活动场地和路径、停车场等要素与老年人的体力活动水平相关。促进社会交往也是公园绿地影响老年人身心健康的重要途径，社会交往类活动可以影响其社会效能、健康感知和自我评价。综上，绿色开放空间对于老年人健康意义显著，其空间环境特征与健康效益之间有着复杂的关系，需要结合具体绿色开放空间和老年人类型才能确定具体的影响途径和要素。

1.2.3　研究中的不足

（1）将绿色开放空间等同于自然环境，对于环境组成和设计要素研究不足

目前的研究容易将绿色开放空间等同于自然环境，常常用自然环境和人工环境进行对比，通过量化评价自然和城市对于公共健康影响的差异性，很少考虑空间设计对健康的影响；自然环境往往以充满绿色植物的地区为样本，人工环境则多选取道路交通和建筑为样本，两者环境设定截然不同，这导致结论通常显而易见；提出了提高自然环境和绿量来提升城市开放空间健康效用，这也为近30年来人均绿地率、城市绿地总量这些指标的不断增加提供了科学依据，然而有实验表明，即使是在类似绿化程度的环境中，自然与自然之间、城市与城市之间对人健康的影响差异依然较大，并不能简单地归纳为自然度越高则越健康。同时，这也无法全面地诠释绿色开放空间对于健康的促进作用。对其多样性和复杂性，以及对其影响使用者健康的机制并没有加以区分，对于可达性、美观性、功用性等环境变量并没有控制，因此往往带来结论的偏差。

另外，目前的研究往往将绿色开放空间作为一个概念化的对象，忽略了其多样性对于健康的差异，如城市公园、屋顶花园和社区公园产生健康效益的多样性。对于绿色开放空间的具体要素和空间组成所产生的健康效用缺乏探讨。这导致研究结论多围绕在提高绿地数量上展开，对如何提升绿地健康效益的品质探讨较少，缺乏对于什么特定环境组成和空间类型可以更好地发挥绿色开放空间的健康效用，以及类似的规模、不同的空间品质对于使用者健康影响的差异性的分析研究，这导致研究对于城市设计和建筑设计无法起到参考作用。

（2）对于健康效用的研究局限于压力缓解和认知提高等方面

根据已有研究分析发现，大部分对于健康效用的探讨局限于绿色开放空间带来的压力缓解和认知恢复方面，很大程度是在分析短时间的被动经验，比较绿地的有无和多少对人的影响，证明了观看自然景观图片可以带来缓解压力的作用，然而对于绿色开放空间通过促进使用者活动，改善身心健康方面缺乏研究。这种途径所带来的健康益处主要是通过被动机制产生，这种健康益处不太涉及人的参与和生活方式的改变，因此益处的范围和深度很有限，它们主要集中在缓解压力、提升心智健康等心理健康方面，对于当今城市所面临的肥胖相关的慢性疾病

并没有直接显著的作用。Kaplan认为观看自然所带来的健康效用是低能级的，而参与自然所带来的健康效用是高能级的[38]。Wart Thompson作为欧洲开放空间组织的负责人，就曾呼吁对绿色开放空间的健康效用的研究不应只局限在抽象、笼统的层面，需要加强对不同绿地空间中人的行为和健康体验方面的研究。总体上，相对于被动产生的健康效用而言，对主动健康效用的探讨较少。

（3）对于绿色开放空间影响健康途径的研究仍较为局限

大部分研究割裂了绿色开放空间与行为活动之间的关系，研究着重强调自然缓解的特有属性与人类天性的内在契合，对于绿色开放空间中哪些要素和空间对人的身心有着积极的作用，以及自然环境中的不同背景下会有哪些活动和健康提升效用关注较少。这就导致有限的绿色开放空间实证研究有很多偏向园艺疗法和康复性景观，证明植物产生的感官刺激对人生理、心理指标的积极影响，这对于绿色开放空间设计的指导意义偏弱。

早期的循证设计研究中，将自然环境与人工环境进行对比来阐释绿色自然在身心健康方面对于人的益处，但并非所有的自然景观都有利于身心健康，规划不合理的自然景观会抑制其对人的健康益处。有研究显示，被访者反映常绿树布置不合理导致活动场地冬日没有阳光，影响其健身锻炼活动。另外，凌乱的并且纵深较大的灌木丛也会给使用者带来心理压力，抑制其进行运动的意愿。

（4）对于绿色开放空间与健康的研究偏向于单独变量的分析

对于绿色开放空间和健康的研究一般是先确定一定环境内的研究样本，对其进行随机抽样调查，统计流行病学数据，测定绿色开放空间某一特定环境属性，然后对其进行相关性分析，以此来确定某一属性对于健康的影响。因此，目前的公共卫生学研究的大多数是属性数据和统计数据，对于其关系数据，尤其是因果关系的研究较少，而研究表明关系数据具有更多的合理性。其原因之一是对绿色开放空间的结构性关注不足，仅考虑孤立的影响因子（如可达性、密度等）在单一类型绿色开放空间（街心绿地、社区花园等）对于人健康的影响，认为某个单独的空间属性是决定其使用效果的全部，忽略了绿色开放空间系统与单独属性之间的联系。这种研究方式容易以偏概全，容易拘泥于局部和忽视整体，不能展现健康与绿色开放空间的整体关系。最近，Giles-Cori认为优化环境与健康效用的研究应该需要跳出实验研究方法的陷阱，考虑到健康是城市空间各种影响因子对于人行为的一种综合影响的结果。

1.3 基本概念

1.3.1 绿色开放空间

学科间对于绿色开放空间并无统一的定义。在卫生医学领域，绿色开放空间是指："在城市背景下，供市民进行娱乐、休闲等活动为目的的绿色空间，无论其大小、设计特征、植被分布，该空间应平等并快捷地供市民使用"。[39]该定义强调这个绿色空间要有足够的场地及设施供市民使用。在城市建筑领域，绿色开放空间是指在城市建成区域内，以绿地形式为主可以供市民使用的场所，它也是城市生态系统、城市开放空间系统和绿色基础设施的重要组成部分，它包括：城市公园、景观绿地、城市绿带、绿道及滨水景观空间等[40]。其定义着重于空间的物质表现与构成，强调它的自然属性以及对城市空间的积极意义。

绿色开放空间是城市空间生态性和开放性的统一，它有别于荒野自然和纯粹的景观绿地，它是人工化的并且可以进入活动的自然。从人工化的程度来看，绿色开放空间中的自然大多数是经过人为加工和改造的，是一种经过设计的自然。因此它的特点包括以自然资源为主导，并有一定人工干预的人工自然环境，这区别于原始自然景观；另一方面，它可以容纳人的休闲、锻炼等活动，不包括景观绿地、生产绿地和防护绿地等人无法进行休闲活动的绿地。

综上所述，绿色开放空间本身并不是一个法定的形容绿地空间的专有词汇，它是一个学术上的概念，由于其面积大小、服务半径和行政管理模式有着不同等级的划分（图1-3），本书参考《城市绿地分类标准》，其对应的研究范围为相关的公园绿地。

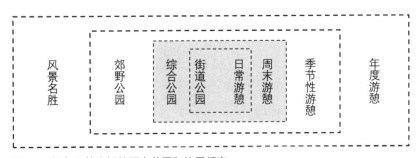

图1-3 绿色开放空间的研究范围和使用频率

1.3.2 健康

健康是一个一直演变的概念，中国古代普遍认为健康就是"无疾病，无残疾"，这体现着当时人类物质匮乏、技术落后导致的对于疾病的恐惧。20世纪以来，一些致命传染病如麻风、天花、肺结核被医学进步所征服，人们不仅仅满足于健康仅是指"四肢健全，生理无病的状态"[41]，1978年WHO在《阿拉木图宣言》中重新定义健康为"不仅是没有疾病或不虚弱，且是身体的、精神的健康和社会适应良好的总称"。随着现代医学模式由从单一的生物医学模式演变为生物—心理—社会医学模式，1989年WHO又一次深化了健康的概念："健康应该包括躯体健康、心理健康、社会健康与道德健康。"[41]

1. 健康的标准

WHO于1968年提出了具有广泛意义的健康标准，1995年中华医学会也提出了中国自有的健康标准（表1-2）。根据两者比较可以看出，WHO的健康标准是依据生物—心理—社会的一般性健康标准，强调了心理、社会健康在整体健康的比重。中华医学会标准是从生物—医学角度出发的医学健康标准，强调了生理机能在整体健康中的比重。

WHO和中华医学会健康标准的比较　　　　　　　　　　　　表1-2

WHO提出的健康标准	中华医学会提出的健康标准
1. 精力充沛，不感到过分紧张疲劳 2. 乐观、积极、乐于承担责任 3. 善于休息，睡眠好 4. 应变能力强，环境适应能力强 5. 能抵抗一般性疾病 6. 体重适当，身体匀称 7. 眼睛明亮，反应敏锐 8. 牙齿清洁，无龋齿，无疼痛，牙龈颜色正常、无出血现象 9. 头发光泽，无头屑 10. 肌肉丰富，皮肤富有弹性	1. 躯干无明显畸形，无明显驼背等不良体型，骨关节活动基本正常 2. 神经系统无病变，如偏瘫、阿尔茨海默症及其他神经系统疾病，系统检查基本正常 3. 心脏基本正常，无高血压、冠心病（心绞痛、冠状动脉供血不足、陈旧性心肌梗死等）及其他器质性心脏病 4. 无明显肺部疾病，无明显肺功能不全 5. 无肝、肾疾病，无内分泌代谢疾病、恶性肿瘤及影响生活功能的严重器质性疾病 6. 有一定的视听功能 7. 无精神障碍，性格健全，情绪稳定 8. 能恰当地对待家庭和社会人际关系 9. 能适应环境，具有一定的社会交往能力 10. 具有一定的学习、记忆能力

2. 健康的分类

（1）生理健康

生理健康又称躯体健康，是指躯体器官形态的完整和机能的健全；个体生理的物理、生化检查指标符合正常值。个体生理健康既有遗传因素，又与自然发育生长等环境因素相关，人体不断地通过各种机制来调节器官和组织的功能，以达到与环境之间的相对平衡。

（2）心理健康

心理健康是指个体认识事物的健康模式，是一种高效而满意的、持续的心理状态。心态平衡、控制情绪、保持幸福感，都是心理健康重要的内容。心理健康的标志有：人格的完整，自我感觉的良好，情绪是稳定和自控的；积极情绪多于消极情绪，有自尊、自爱、自信心及自知之明；在生存环境中有充分的安全感，能够保持正常的人际交往；对未来有明确的生活目标，能切合实际地不断进取，有理想和事业的追求。

（3）社会健康

社会健康又被称为社会适应（social well-being）或者道德健康，指个体的行为能适应生存的环境，如自然环境、社会环境和心理环境。具备相应年龄认知的道德观、价值观，不以损害他人利益来满足自己的需要；具有辨别真伪、善恶、荣辱、美丑等是非观念的能力，能按社会公认规范的准则约束支配自己的行为，能为他人的幸福作贡献；能建立和谐的人际关系，完成社会化的个人角色和任务的能力处于最适当的状态。社会健康包括三个方面：每个人的能力应在社会支持系统内得到充分的发挥，作为健康的个体应有效地扮演与其身份相适应的角色，个人行为与社会规范相一致。

3. 影响健康的因素

健康受到遗传、生活方式、自然气候等多种要素影响，这些要素是相互作用的，健康的问题一般也不是某一个因素单独作用的结果。根据世界卫生组织在1992年第一届国际心脏健康大会上提出的《维多利亚宣言》，影响健康的要素可分为外部和内部两个层面。内部是指人的遗传要素，这部分几乎无法改变，但是后天的环境影响与心理变化可以诱使遗传要素的发生或者抑制。外部主要包括体力活动（physical activity）与膳食（diet），这两点被认为是影响健康的基石[42]。

（1）体力活动

体力活动可以消耗身体摄入的多余能量，减少脂肪的堆积，从而减少肥胖的风险。同时，规律和适度的体力活动也有助于加强心肌健康，降低心脑血管疾病的风险，加快血液循环，使得营养可以更快地供应到细胞中，并且通过出汗、腺液、粪便等方式排出体内废弃物。此外，体力活动本身也会对人的心理造成潜在营养，通过完成适量的锻炼，会增加人的自信，减轻压力、焦虑和抑郁。

（2）膳食

身体所需的绝大部分营养是从膳食中获得的，WHO认为合理膳食是影响人类健康的第一基石。膳食对于健康的影响主要在于营养的均衡摄入。人的生命维持需要七种物质，其中，碳水化合物、蛋白质、脂肪和水是基本食物，它们用来维持生命，缺一不可；维生素、矿物质和食用纤维是防护性食物，它们的作用是维持身体正常运行。然而，随着物质的日益富足，我国人民的膳食结构发生了很大变化，传统以谷物、蔬菜为主的膳食模式，逐渐被高脂肪、高蛋白、低纤维的膳食模式替代，这种膳食模式单位热量要远高于传统的膳食，从而带来了肥胖、糖尿病、高血脂、高血压等健康问题[43]。

第 2 章

绿色开放空间
影响使用者健康的
基础理论

2.1 绿色开放空间

2.1.1 建成环境理论

建成环境是指通过人为设计、建造的，并且可以实现调整控制的城市公共空间和建筑物等。具体形式可以包括城市广场、绿地、道路、建筑物以及其围合成的空间等。从规划设计角度来看，绿色开放空间作为一种建成环境，包括了规划指标和具体的环境及景观元素。规划指标指绿色开放空间的布局位置、空间及步道尺度、车行交叉、绿地率、水体面积等。环境及景观元素指所属的开放空间及步行系统的铺地材料、绿地植被、座椅家具、健身设施、标识信号、照明器具等。对于建成环境分析的角度有着多种观点，有研究者将其分为环境设计、密度及多样性等三个层面；也有将其划分为功能复合性、区域结构、道路的衔接可达、建筑与人口密度、步行空间特性、建筑形态和环境形态美学六个方面，或从环境美学、安全、功能和目标四方面分析。

建成环境与健康的关系是全面理解健康的一个新的出发点，一个健康的绿色开放空间可以有效地促进居民日常的健康行为，并且带来可持续的健康益处。目前行为活动相关的建成环境研究内容如下。

（1）建成环境的步行和骑行系统。该部分内容的假设主要为充足的步行和骑行系统能够促进居民的一般行为活动。文献研究的统计结果表明：17%的研究显示了骑行和步行与一般行为的显著关联性，而超过80%的研究并没有发现两者的联系。可能解释的原因是在界定一般行为时会把骑行和步行去掉，因此可以理解该要素对于非步行和骑行并无显著的影响。然而在加入了性别变量之后，细分的成年居民的行为并没有显著性，但是儿童、老人群体呈现出显著的联系。

（2）建成环境的可辨识性。一般行为与建成环境自身特征有着显著的关联性，66%的研究表明，在无显著影响的项目中，相对缓和和相对剧烈的行为活动更倾向与该要素—住区自身的可辨识性有着明确联系。对于步行和骑行活动，33%的研究项目在结果中证实了其与建成环境可辨识性的显著联系，然而其余的研究显示无显著联系。

（3）开放空间和自然环境。设立自然环境和开放空间有利于一般行为、步行和骑行。这部分内容的研究相对较少，在具体的步行行为分析中，82%的结果是无显著关联；在具体分析绿色开放空间的建成环境特征时，居住区附近没有绿地和开放空间的居民中有36%报告了一定的精神压抑，缺少到达绿地和开放空间途径的居民中有27%报告了精神压抑。相对应的是在针对相同居民的调研中，对于家附近含有绿色空间和不含绿色空间的心理健康数据统计中，即使1%的绿地面积差别也会对精神压力起到缓解作用。

（4）建成环境内部与外部的交通选择。89%的研究中发现交通选择并未对居民的一般行为造成显著影响。当分析步行和骑行的影响时，37%的研究证实了交通选择对于该行为的影响，56%的研究没有发现显著影响；在关于步行行为的关联研究中，有两项发现关联性并不随性别变化，女性倾向于显著关联而男性则无显著关联。

建成环境通过多种要素来影响人的行为进而影响其长期健康水平。在交通行为与建成环境领域，经常由五个要素来描述这个关系，被称为"5Ds"原则，这五个要素分别是：①密度（Density），它包括了人口与建筑密度；②多样性（Devisity），包括土地利用的混合度和建筑功能的多样性；③设计（Design），包括街道、开放空间、界面的设计和美化；④换乘距离（Distance to Transit），包括到达公交、地铁换乘点的步行距离等；⑤目的地可达性（Desitination Accessibility），包括到达各种功用目的地和健康食品销售处的空间可达性（图2-1）。

建成环境的这五个要素都与身体活动的促进和健康息息相关，紧凑并且高混合度的土地开发模式有助于公共交通主导的开发模式和城市交通布局，可以显著地减少私家车的使用，从而给居民带来降低污染、增加体力活动等多方面的健康益处。良好的设计会增强街道空间的活力和吸引力，从而增加居民步行的动力。合理的公交换乘站点布置也会降低使用者使用公交出行的阻力，从而增加其相关的活动和步行出行动力。在适宜的步行范围内布置多种目的地，可以促进使用者减少私家车的使用，以步行来完成日常的购物和娱乐活动。

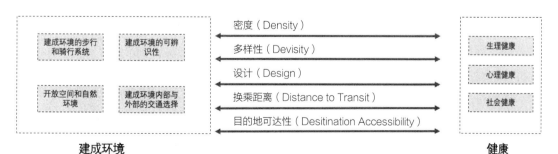

图2-1　建成环境促进健康的"5Ds"原则

2.1.2 行为地理学理论

人的健康与行为关系紧密，从行为地理的视角解读居民健康及其行为之间的作用关系能够帮助我们更好地理解居民健康相应的过程，也有利于通过行为干预来减少负面健康影响，基于此，强调时空关联的行为地理学和空间—行为—社会作用过程为基于行为的城市居民健康研究提供了理论基础。

行为地理学中，时空行为成为理解城市发展的重要维度，广泛应用于城市规划、交通规划、城市设计等领域。行为地理学强调人行为发生、作用"时空"过程，通过制约、路径等概念，为解读时空场景和行为之间的复杂关系提供了理论框架和方法。行为地理学强调个体自身的制约和周围自然、社会等条件的制约，用时空棱柱、活动束、领地的概念来分别代表能力、组合和权力制约。在制约的条件下关注制约的来源与产生机理，有利于更深层次地解读时空行为与社会、心理、健康等行为相应结果之间的关系。

20世纪80年代以来，行为地理学逐渐开始探索制约下的主观能动性，强调计划与制约的相互关系，并将情感、价值等引入到行为地理学的框架下。计划是指个体或者群体在执行各种目的或者意图驱使行为时必要的行为序列。行为过程及其社会、健康等方面的行为影响可以通过两种方式来优化：通过改变制约条件实现行为和结果的优化；另一方面可以在有限的制约条件下计划，从而实现不改变制约条件下行为和结果的优化。面对行为地理学人本主义和结构主义的批判，行为地理学者将时空行为放在了更加复杂和综合的背景下，探究其背后隐藏的社会、经济、文化、健康等要素的关系。由于个体健康与居民的时空行为关系紧密，加之地理信息学科的迅速发展，利用行为地理学从居民时空行为分析居民健康逐渐受到了学界的关注。行为地理学是通过引入社会学和心理学两个相关理论，利用个人偏好和主观偏好、情感等因素对时空行为进行决策分析，强调行为发生的过程与人主体性的关系，随着西方城市问题日益突出，行为地理学也将个人行为偏好纳入到一系列社会、经济、文化背景下进行分析，尤其是对低收入、女性、老年人等社会弱势群体的分析。随着学科交叉，行为地理学研究逐渐从空间行为向空间中的行为转移。这不仅强调行为发生中社会、经济、文化环境所带来的制约，也赋予了行为更加丰富的社会学内涵。

综上，行为地理学强调制约与计划的相互作用，解读时空行为与社会学、心理和健康的行为响应关系。行为地理学强调行为主观决策，个体对于地理环境和时空行为的认知会影响决策和行为的改变，空间社会视角理论探索行为过程及其

社会、文化、健康等响应的相互作用关系。空间—健康—行为研究从行为—空间
互动视角研究时空行为和健康响应，旨在通过空间与行为提升来优化居民的健康
水平和生活质量，因此行为地理学和空间社会视角为个体健康与时空活动的城市
建成环境研究提供了理论基础。

2.1.3 行为修正理论

行为修正理论源于心理学，却不局限于心理学领域的应用，近几年被广
泛应用于健康、教育、犯罪甚至社会营销上，特别是在健康领域的应用，不
仅奠定了健康教育以及健康促进的基础，更在实践中丰富了行为修正理论，
综合形成了健康信念模型（Health Belief Model）、社会认知理论（The Social
Cognitive Theory）、计划行为理论（Theory of Planned Behavior）、阶段变化模式
（Transtheoretical Model）等一系列各具侧重点的理论模型。

为了在实践应用中综合地应用这些理论，全面地发现和认识行为修正背后的
相关因素，为健康行为建立提供全面的条件，Lawrence Green 和 Marshall Kreuter 提
出了著名的 PP 模型（Precede-Proceed）。该模型通过综合已有理论关于行为影响
因素的论述，将行为修正影响因素归结为三个类型：倾向因素（predisposing）、
促成因素（enabling）和强化因素（enhancement），如图 2-2 所示。生态观的行
为修正认识从构成因素的外部特征角度将影响行为的因素分为三个层次，而这
里提出的行为修正三因素，则是从功能角度将各个层次的影响因素系统地组织
起来，这样实际上是为整体全面地理解行为修正因素提供了一条清晰的思路。

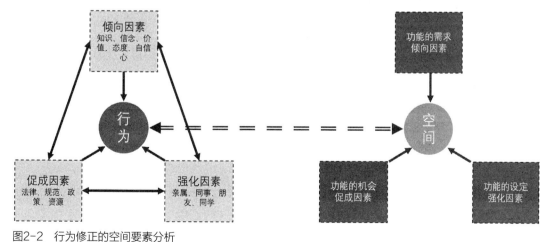

图 2-2 行为修正的空间要素分析
（图片来源：根据"GIELEN A C，MCDONALD E M，V T L，et al. Using the precede-proceed model to apply
health behavior theories［J］．Health behavior and health education：theory，research，and practice，2008（4）：
407-429"改绘）

（1）倾向因素：需求的设施功能。行为修正的倾向因素内含着对资源设施功能的定义。根据促成因素对于物质环境特征的说明，其主要强调的是物质环境的可及性，对于物质环境的内容是什么其实并没有明确。实际上这里作为促成条件的物质环境内容是内含在行为倾向中的，是倾向因素对促成因素的内在要求。改变旧的、不健康的行为倾向，促进健康的积极生活行为需求，反映在空间上首先就表现为对相关不良功能配套的遏制，以及对支持健康获益的功能的建设支持。

（2）促成因素：可及的设施布置。行为修正的促成因素决定了资源在空间、经济等环境条件中的布置。倾向因素强调的是"有"改变行为的想法，暗含着资源上"有"某类资源功能存在。在此关系基础上，以促成来定义行为修正影响因素的功能，更多的是从行为实现的资源"可及"特征上来表述的，是对资源可获取性的保证。对于空间资源来说，倾向因素实际上是确定了空间资源的功能，明确了要供给的资源要素是什么；促成因素则强调的是该资源要素在环境中的布置。这种构造特征决定了该要素是否符合主体可及，是否能真正地发挥行为促成的效能。只有当提供的资源符合行为主体能力、提供的资源行为可及时，这类空间资源才能真正发挥效用，才能支持健康行为变成现实。

（3）强化因素：共同的社会氛围。行为修正的强化因素决定了行为活动所在的特定社会环境特征。行为强化因素主要是由行为主体所处的社群环境构成的，该群体对某行为的共同认知和行动，为生活在其中的个体提供了坚持某项行为的力量。这种内在的一致性反映在城市空间上，则往往会使承载该人群生活行为的城市空间表现出一定的空间环境特征。例如，同样构造类型的住房、历史建筑，甚至共同喜爱的建筑颜色以及共同的资源选择，来支持和表达这种共同性，形成具有一定社会氛围的空间载体。

通过以上的论述，可以看出，行为修正所需的三类因素实际上对应着不同的空间内涵，指明了一个促进健康行为的空间应该具有的健康因子，使人们能及时地调整财政和空间资源的供给方向和重点，针对不同的问题提出解决策略。

2.1.4　生态—社会模型理论

社会生态模型（Social Ecological Model）诞生于社会学领域，最早于第一次世界大战后期被芝加哥学派的社会学家们率先引入城市问题研究。20世纪70年代，Urie教授总结了社会生态模型的理论架构，标志着模型雏形的生成；20世纪80年代，社会生态模型演变成为社会科学理论，并不断被Urie教授修正直到其2005年去世。作为交叉学科理论，社会生态模型链接了行为学领域中的个体研究、人类学领域中的群体研究以及环境科学领域中的物质空间研究三维因素。

Pikora 在 2003 年提出"社会—生态模型（The Social Ecological Model）"概念，用以建立体力活动、健康和环境之间关系的框架，它是研究城市环境与健康的里程碑式的成果，后来的相关研究也多是建立在该框架基础上的。该理论框架体系被体力活动与健康领域所应用，其中体力活动被视为一种健康行为，受到个体内在（心理、生物和情感）、社交（社会支持和文化）、实体环境（建成环境、生态环境）和政策的影响（图2-3），当这些因素可以互相协同的时候，设计干预的效果最好。良好的环境支持可以使得人们养成健康行为的习惯，反之如果城市实体环境规划不科学，未能考虑到影响人们健康行为的需求，人的个体要素再好，其体力活动量达不到维持健康的标准，公共健康的水平会受到影响[44]。

人的健康受到外界多方面的影响，从生态—社会理论角度来看，人的健康属于生态—社会系统健康的一部分，该理论认为人与环境的互动机制是影响人健康的主要外在机理，一方面人可以影响环境的布置，一方面环境的布置会对于人的行为产生影响进而影响健康[45]。该理论认为环境要素和个人要素对于人健康行为的双重作用将影响人的健康。Glan认为行为是联系健康与环境的最主要的途径，仅仅考虑个体要素和生物要素是很难反映人的健康情况的，他提出了影响健康行为的要素。Stokol也认为行为是环境与健康的中介，环境的复杂性决定了行为的复杂性，进而导致健康效用机制的复杂性，他将环境不仅分为物理和社会环境，也将其分为主观和客观环境；他进一步认为物理环境的设计可以通过对于健康行为的支持如器械、活动场所、环境质量等来提高健康效用。影响健康的要素可分为生物心理行为要素（Biopsychobaviroal Factors）以及社会物理环境要素

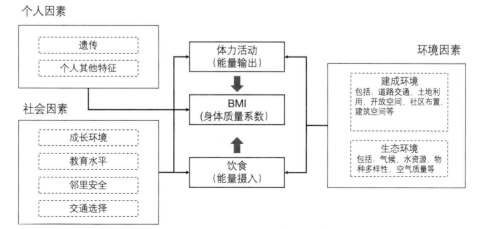

图2-3 影响体力活动的要素

（Sociophysical Factors）。

从健康角度来看，环境的概念是相对于人个体的概念，人之外的一切要素都可以纳入到环境之中，所以对于行为有着直接影响的是空间环境。空间环境从健康的角度来讲最大的作用就是对于活动的支持，空间环境与人具有动态的相互影响，这些影响的直接效果就是健康，人是行为的主体，其本身的行为机制也是实现对于健康的支持，在该方面行为机制与环境找到了契合点。另一方面，行为受到环境、个体和认知的引导，空间环境可以通过其组织和布置来对行为产生直接或者间接的影响，从这一角度说空间环境正是通过行为的影响和引导来实现其健康的价值。

根据Barton的健康圈层模型的第一层级来看[46]，绿色开放空间设计是通过建成环境这一层面来影响公共健康的（图2-4）。它与设计和健康相关的视角包括：城市土地利用模式的变化、空间的分布是如何影响人口密度和公共健康情况的，这部分属于社会学的范畴；另一个角度是研究自然环境是如何影响人和群体的行为，这部分属于行为学的范畴；第三个视角是研究生态环境如何影响城市物理环境如气候、地表温度、自然灾害，最后影响人的健康的。绿色开放空间设计与健康的研究主要依据第二个视角，该视角认为个体嵌套于相互作用的环境系统之中，系统与个体相互作用并互相影响着，他将环境影响个体的健康作用划分为四个层次：微观系统，主要以家庭为主；中观系统，主要以社区环境为主；外层系统，主要以城市环境为主；宏观系统，主要以生态系统为主。

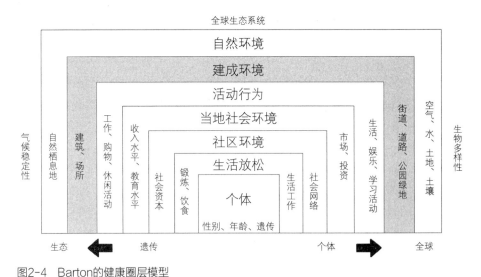

图2-4 Barton的健康圈层模型
（图片来源：根据"BARTON H, GRANT M. A health map for the local human habitat [J]. The Journal for the royal society for the promotion of health, 2006, 126（6）: 252-253"改绘）

2.2 环境—行为—健康的理论构架

2.2.1 环境与健康行为

1. 建成环境领域

从建成环境领域，环境对于行为的影响包括了环境决定论、环境可能论以及环境偶然论。环境决定论不考虑行为主体的自我选择因素，强调环境对于行为的决定性影响，认为通过环境可以预测行为。该思想与达尔文的进化论关系紧密，其中适者生存、优胜劣汰的思想促成地理学家对于自然环境和人生活行为之间的思考。基于此，Ratzel提出地点的物质因素决定了当地人的活动，Semple进一步论证了北美自然景观对早期开发者行为的制约，Taylor对极地气候对于因纽特人的行为控制提出了类似的观点，并且早期的希望通过大规模旧城重建来解决社会问题的建设方式也可以认为是环境决定论的一种反映。环境决定论反映了环境对于行为产生的重要作用，但是由于其对单一因素的强调，决定了其必然是片面和极端的。

环境可能论更加重视人的能动性，认为人是主动的选择者而非是被动行为者，环境在这里作为一种介质，为人们提供行为的机会，人们可以根据自己的文化和背景选择适合自己的行为方式。环境可能论承认环境在人行为形成中的作用，但是与环境决定论类似，都强调单一方面的作用，只是一个强调环境条件一个强调人的选择。

介于两者之间的环境偶然论，是地理学家Spate在20世纪60年代提出的，这个概念是对决定论和可能论的调和，不偏袒任何一方，认为在环境中的行为都存在着一定的规律，地理、气候与生理都不能完全解释一切，任何地点都存在着潜在的机会与可能，只要仔细研究都可以发现机体、行为与环境之间存在的持久关系。基于这个认识，人的行为可以通过一定概率进行预测，尽管不能准确地预测人的决定，但是可以根据其所在的环境判断其行为的可能范围，并对某一行为的可能性给予判断。

2. 环境心理学领域

早期的心理学认为行为是人意识折射出来的客观实物，个体的行为是环境影响或塑造的结果，有什么样的环境就有什么样的心理和行为，认为一切复杂行为都取决于环境带来的调节反射，一切都可以以公式S—R（刺激—反应）来解释，心理学家的任务就是发现和总结此类环境和刺激之间的规律，从而来推测人的行为，或者主动有意识地构建某一环境来刺激某一行为的产生。

该理论和前面的环境决定论一样忽略了人的主观能动性，格式塔心理学基于这一缺陷提出经验和行为的整体性，它既反对构造主义的意识元说也不同意行为主义的刺激—反应公式，认为意识不等于感觉的集合，行为不等于反射弧的循环。该理论提出了一个重要的概念，即心物场，来说明人的经验世界和现实世界，它认为人的行为是这两者共同的结果。受到这个观点影响，勒文提出了生态心理学，并以场论的概念解释人的行为，将行为表述为人与环境的函数 $B=f\{P,E\}$，其中，B 代表行为，P 代表个人，E 代表环境。可以看出，生态心理学对于行为的成因综合了环境影响和人的能动性，因此相对于行为主义心理学更加中肯，但是心物场中所阐述的经验世界是人的心理环境的已有认知，因此生态心理学认为环境对行为的影响是一种间接的作用，即通过影响人的心理来影响行为，人的意识和能动性仍然是主导。

Bandura提出了社会认知理论，该理论认为人不仅可以通过经典来学习，也可以通过观察和聆听来学习，行为、人的因素、环境因素实际上是作为相互连接、相互作用的决定因素产生作用的。恰当的环境和行为触发了某个人行为的发生，进一步改变了他的喜好，并促成行为坚持和主动性的支持性环境。社会认知论不仅避免了机械主体或者环境决定论，还认识到行为不仅是一个被动的结果，同时还对人和环境有着互动作用。

综上可知，环境是影响行为的一个重要因素，但它与行为之间不是简单的一对一关系，从行为形成因素来看，可以发现行为受到了个体与环境的共同影响，这种影响是交织不可拆分的。

2.2.2 健康行为与空间适应

1. 两种健康行为

静态生活方式涉及居民日常生活中的家务、工作、交通和休闲四个方面，其中工作与家务是较为固定的行为类型，它们与工作性质和家居方式关系紧密，与本研究的城市空间关系不大。基于此，改变交通和休闲行为的静态生活方式是通过城市空间环境改变来提升健康最有效的方式。因此，这两类行为成为健康研究的主要载体。

对于交通行为来说，依赖私家车出行与步行和骑行出行正相反，是一种典型的静态生活，但也是目前城市设计优先考虑的出行方式。公交车出行介于其中，它需要一定的步行换乘行为，因此可以一定程度地改变静态生活方式。步行和骑行通行可以极大地减少居民静态生活方式，促成积极生活方式的出行习惯。

对于休闲行为，典型的静态生活方式是以电视、上网等静坐方式来度过闲暇时间的一种表现。反过来，闲暇时间的运动锻炼如打球、慢跑则是可以积极地改变这种静态休闲习惯，从而带来健康益处。本书主要为绿色开放空间研究，其强调的要点是使用者户外的休闲行为，而这也是绿色开放空间可以区别其他类型空间显著提高居民健康的部分。另外，休闲行为的户外化和动态化不仅有利于慢性疾病的预防和缓解，也可以增加居民彼此交流的机会，带来对居民心理和社会健康提升的可能。

2. 休闲行为的空间适应现象

扬·盖尔将城市行为分为必要性、自发性和社会性行为，他认为在低质量的开放空间中只有必要性活动（上学、工作、巡逻等），而高质量的开放空间则可以延长必要活动的发生时间，同时增加诸如散步、慢跑、骑车等自发性活动的频率，社会性活动也会趋于发生。尽管城市空间的规划设计为居民提供了外出散步休闲、运动健身所需的开放空间资源，但是关于这些资源与居民健康休闲行为的研究并不多，运动体育学和公共健康学是这方面的主要研究学科。这两个学科对于建成环境和居民休闲行为及健康水平的关系研究还处于较为模糊阶段，主要原因在于其研究主体并没有以城市建成环境对于健康行为的影响作为研究目标，往往是作为附带结果或者结论出现的。对于居民休闲行为的影响因素研究中，建成环境往往成为一种背景设定而非影响要素，对于其研究往往集中在有和无的程度，如"居民认为有无运动场地可以多少程度上制约其运动锻炼"，"多少比例的民众认为缺少开放空间是阻碍他们进行运动的主要原因"等。

类似的实证研究成果可以分为横断面研究和纵向研究两种。纵向研究是对于固定一群人一段时间内的行为和环境变化的研究，这样可以简化人口统计特征对于行为产生的影响，从而使得环境与行为的关系更加直观清晰。但是这种方法耗时较长，大部分研究还是横断面的。

公共卫生领域对于休闲行为关注的两个主要空间特征为：它们关注于微观环境特征对于使用者锻炼行为的影响，如运动健身设施场地数量、可达性的评价等。其研究结论往往得到设施的可达性和邻近性与使用者的休闲行为成正比。另一方面，相关研究也关注主观环境感知的调查和评价，包括可感知的社区安全感、美学特征等。根据扬·盖尔的户外活动分类，休闲行为作为一种自发性行动，对于环境质量特别是美学感官要求特别高，受这些因素影响较大。诸多研究也证明了视觉美观与居民休闲行为的相关性，尤其是街道上的散步行为。

3. 交通行为的空间适应现象

特定的城市空间与一定的交通出行模式是呼应的，非机动车导向的开发就是建立在特定的城市空间特征的出行行为这一前提下。

在美国，普遍郊区化蔓延，低密度社区的土地使用导致了人们日常生活对于机动车的依赖，除了带来城市中心区衰落、无序蔓延的后果，也导致了人们肥胖症、心脑血管疾病等健康问题的进一步加剧。近些年来提出的TOD发展模式所塑造的空间则逐步在改善这一情况，站点附近居民体力活动量是一般地区的2~3倍。随着近些年"新城市主义""绿色出行"的提出，关于建成环境与步行或者骑行关系水平的研究也逐渐增加起来。

同济大学的潘海啸通过实地调研发现了街区设计特征与居民出行之间的关系，利用数学模型的方法证明了小尺度、功能混合、高密度路网特征的街区有着较高的步行水平。也有研究从不同人群出发，通过对青少年居住地附近的密度、交叉口密度、土地混合度及居住区周边1km范围内商业和休闲空间数量五个方面的调查，发现休闲空间数量和密度与步行水平关联度最大；而对于老年人群体的研究，则显示出老人居住地步行范围内的公园、自行车或者步行道、商店、日常目的地的数量与步行水平相关。

这些研究都从不同人群、城市特征方面全面地证实了城市空间的某些特征可以积极地促进人们健康出行，这些特征包括较高的密度、较高的土地混合度、慢行交通系统网络等。

2.3 体力活动与使用者健康

2.3.1 体力活动

1. 基本概念辨析

（1）体力活动

体力活动是指由骨骼肌收缩产生的身体活动，可以在基础代谢的水平上增加能量消耗。它包含了三层意思：第一，体力活动是需要骨骼肌共同协调完成的；第二，这个过程需要能量消耗，其能量消耗利用卡路里来计算；第三，这个过程与健康有密切的关系。其中，中等—剧烈强度的体力活动可以带来明显的健康益处。轻度体力活动带来的直接健康效果十分有限，然而也有研究逐渐开始重视轻度体力活动的健康效用，站立和慢走等轻度体力活动可以减少静憩（sedentary）生活方式带来的消极健康影响[47]。

（2）运动

运动是休闲型体力活动的子项，它是涉及体力和技巧的由一套规则或习惯所约束的活动，为一种设计过、具有结构性及重复性的身体动作。其特点是通常具有竞争性并且有很高的技巧性，节奏也相对较快。这里所说的运动通常是指体育相关的活动，然而不是所有的运动都是会促进健康的，如玩飞镖与射击，虽然是很具技巧性的运动，但由于其运动强度很小，很难有明显的健康效果。另外，在某些运动的训练和比赛过程中，经常会造成一些伤害，这也是对健康不利的。

（3）锻炼

锻炼是休闲型体力活动的子项，它是以健康及体能为目的、可重复的、经过计划的一种休闲型体力活动。虽然很难区分体力活动与锻炼这两个概念，但是两者依然是有所差别的（表2-1）。相比于其他体力活动，锻炼与健康有着更加密切的联系，并且有着明确的健身目的。本书中锻炼主要是指最基础的并需要一定设备与场地的休闲型体力活动，如：跑步、游泳、自行车运动等。在健康层面上，锻炼可能是最重要的一种体力活动方式，区别于其他以提高效率和省力为目的的体力活动，它的目的是消耗能量及提升体能。

体力活动、锻炼、运动的概念辨析 表2-1

体力活动	锻炼	运动
1. 由骨骼肌肉带动的肢体运动 2. 不同程度的能量消耗 3. 与健康相关	1. 由骨骼肌肉带动的肢体运动 2. 不同程度的能量消耗 3. 与健康有着积极的关系 4. 经过规划、组织，可重复性的行为 5. 目标是保持体能及身材等	1. 由骨骼肌肉带动的肢体运动 2. 不同程度的能量消耗 3. 经过规划、组织，可重复性的行为 4. 具有很强的技巧性 5. 目标是获得胜利

2. 分类

（1）强度分类

根据体力活动的强度可分为：不活跃或静憩（inactive or sedentary）、轻微活跃（lightly active）、中等活跃（moderately active）、非常活跃（very active）及高度活跃或者剧烈活跃程度（highly active）（表2-2）。其中，对于健康有着明显效果的通常是指中等活跃以上的体力活动。

在一个体力活动强度分析体系里面，如果0代表着静憩或者体力活动不活跃

的体力活动强度，10代表着最活跃的体力活动强度，轻微活跃体力活动强度一般
评分为1~3，中等活跃体力活动强度评分为4~6，非常活跃体力活动强度一般评
分为7~8，剧烈活跃体力活动强度一般评分为9~10。另一种推测强度标准的方
式可以利用休息强度为参照，轻微活跃体力活动强度运动量一般不超过休息强度
的2倍，中等活跃体力活动强度运动量一般是休息强度的2~4倍，非常活跃体力
活动强度运动量一般不超过休息强度的6倍，剧烈活跃强度体力活动运动量一般
是休息强度的6倍以上。

体力活动强度分类表 表2-2

体力活动特征	指标	体力活动描述	健康益处
不活跃或静憩	心跳一般不超过最大心跳的40%	1. 采用机动车通勤 2. 工作性质以坐为主 3. 很少家务及园艺劳动 4. 没有休闲型体力活动	无
轻微活跃	心跳一般不超过最大心跳的49%	1. 采用公共交通通勤 2. 工作性质包括走路、搬运等行为 3. 有部分不吃力的家务或者园艺劳动 4. 参加一些轻度的休闲体力活动	对于慢性病有一定预防作用，是积极生活方式的起始阶段
中等活跃	心跳一般不超过最大心跳的50%~59%	1. 偶尔采用自行车作为通勤方式 2. 工作包括搬运、上下楼梯等行为 3. 经常性的家务和园艺活动 4. 经常参加中等强度的休闲活动	对于慢性病有一定保护作用，发生运动损伤和其他副作用较少
非常活跃	心跳一般不超过最大心跳的60%~70%	1. 经常采用自行车或者步行作为通勤方式 2. 非常活跃的工作性质，如矿工、伐木工、建筑工人 3. 经常性的家务和园艺活动 4. 经常参加高强度的休闲活动	对慢性病的保护作用最高，运动损伤或其他副作用概率轻微增加
剧烈活跃	心跳在最大心跳的70%以上	1. 经常进行高强度体能训练 2. 通常以参加竞技体育为目的	对慢性病的保护作用较好，运动损伤及其他副作用最大

（2）目的分类

1）休闲型体力活动（recreational physical activity）：指闲暇时间体力活动，
闲暇时间指家务、工作以外可以自由支配的时间。包括锻炼、园艺、和小孩一起
玩耍、步行等体力活动，而不包括闲暇时间看电视、使用电脑、玩电子游戏等久
坐少动的体力活动。该部分占总体力活动的比重越来越大，是调控个人体力活动
水平的主要因素。

2）交通型体力活动（transport physical activity）：是指在出行中发生的体力

活动，如走路去超市、骑车上班、坐公交车回家等，它的主要目的是到达某一个目的地，为此而产生了一定的体力活动。

3）家居型体力活动（household physical activity）：是指在家务劳动中发生的体力活动，如做饭、洗碗、洗衣及打扫卫生。家居型体力活动一般具有明显的性别特征，男性要比女性的总量少，对于已退休在家或居家者，以做家务相关的活动为主，其活动量不容低估。

4）工作型体力活动（occupation physical activity）：是指在工作中发生的体力活动，如搬运、园艺、体育指导等。工作型体力活动水平与工作性质关系紧密，从第一产业到第三产业体力活动水平逐渐下降，其活动一般较为规律且固定。

3. 促进健康的体力活动类型

从行为角度来看，体力活动可分为家务、工作、休闲以及交通这四类活动行为。改变静态生活方式，促进居民健康，实际上就是要改变这四类行为的静坐习惯，形成健康的生活方式。

工作和家务两类活动的行为方式对于个人来说是相对较为固定的，改变交通通勤和休闲活动的静坐习惯，促进这两类行为的健康发展是最有潜力的，同时，也是与城市空间规划设计相关性最大的。因此，这两类体力活动也就成了健康空间研究的主题。

对于交通体力活动来说，依赖机动交通出行，是静态生活方式的一种表现。反过来，有益健康的出行习惯，即可以减少居民静坐行为、促成积极生活方式的出行习惯，主要是指日常通勤中以步行和骑车出行为主的生活选择。

对于休闲体力活动来说，以看电视、打电脑游戏等静坐方式来度过闲暇时间是静态生活方式的一种表现。反过来，有益健康的休闲习惯，应该是闲暇时积极的运动健身行为。基于本书的研究领域，这里主要强调的是走出家门的运动健身行为，包括外出散步、公园游玩以及到室内外运动健身场所活动（图2-5）。

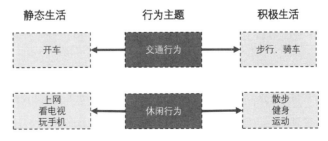

图2-5 通过交通和休闲行为修正建立积极生活方式

2.3.2 体力活动对于使用者健康的意义

1. 非传染性慢性疾病的预防和改善

目前慢性病的主要风险包括：吸烟、体力活动不足、不健康饮食及酒精饮品。根据世界卫生组织的《全球健康风险》报告（2014版），在全球十九大死亡风险因素中，体力活动不足排名第四位。前三位原因中除吸烟，其他两个因素也与体力活动水平有间接的关系，因此增加体力活动水平可以有效减少慢性疾病的发病率。

规律的体力活动可以平衡代谢及生理体征，从而降低慢性疾病的发病率，美国卫生和公众服务部2008年发布的 *2008 Physical Activity Guidelines for Americans* 中指出，不同程度的规律体力活动可以平衡血压、降低胰岛素高耐受性、降低葡萄糖低耐受性、平衡高血脂及血液黏稠度、控制低高密度胆固醇血浓度等，控制这些生理体征可以有效降低过早死亡以及中风、心脏病、高血压、糖尿病、大肠癌的发病率。同时，不同程度的体力活动对于不同年龄段人群也有着不同的健康效果，如中等及以上程度体力活动可以预防中老年人某些癌症如结肠癌、乳腺癌及皮肤癌的发病（表2-3）。

不同体力活动强度对于不同人群的健康影响　　　　　　　表2-3

	轻微程度	中等程度	剧烈程度
青少年	—	·改善身体肌脂比 ·改善心血管及代谢作用的健康生理体征	·改善心肺功能 ·改善骨骼健康
成年及老年	·降低盆骨骨折风险 ·降低肺癌患病风险 ·降低子宫癌患病风险 ·降低超重风险 ·提高骨密度	·减少猝死率 ·改善睡眠（老年人） ·减少臀部、腹部脂肪堆积 ·降低肥胖危险	·降低冠心病患病风险 ·降低中风患病风险 ·降低高血压患病风险 ·平衡血脂分布 ·降低2型糖尿病患病风险 ·降低代谢疾病的患病风险 ·降低大肠癌的患病风险 ·改善心肺功能

体力活动对于改善青少年肥胖问题的益处尤为明显。如果儿童每天达不到建议的运动量，或屏幕前停留时间超过每天2小时，他们发生肥胖的概率将是那些正常孩子的3～4倍。Stettler等对瑞士儿童参与体力活动者与看电视者的皮脂厚度比较发现，延长看电视的时间引起皮脂厚度显著增加，体力活动会减少皮脂厚度[48]。

控制饮食和减少饱和脂肪酸摄入量一直被认为是抑制肥胖的主要手段。然而美国的一项调查发现，1988～2010年，美国人口的卡路里摄入量没有太大改变，然而伴随着体力活动水平大幅下降，肥胖率也大幅上升，因此判断体力活动水平与肥胖有更强的关联性。该研究还发现，规律的体力活动（满足美国疾控中心标准）可以降低内脏脂肪水平，而只需要标准更高一点的体力活动就可以在不需要节食的情况下明显降低内脏脂肪及腹部脂肪（表2-4）。轻度体力活动如走路、站立虽然不能有效地消耗多余能量，但是可以通过减少人们的静憩时间来减少肥胖的发病率[49]。

传统与现代体力活动方式的变化 表2-4

主要体力活动方面	传统生活方式	现代生活方式
耕作	牲畜与人力	机械
工作	手工化与体力化	机械化与自动化
出行方式	步行、骑行、帆桨船	汽车、火车、飞机、轮船
信息传递	骑行	电话、互联网
取暖	柴草、煤灰	电、天然气
日常生活	楼梯 洗衣 洗碗	电梯 洗衣机 洗碗机
娱乐方式	下棋 打牌 体育锻炼	打牌 室内体育锻炼 电视 上网 电脑游戏

2. 精神、压力和认知能力的改善

（1）体力活动可以改善情绪，减少抑郁

情绪是指人们内心中某些感觉（如开心、生气、愤怒等）通过社会文化标准过滤后而表达出来的方式（如失落、幸福感、安全感等），它受到了生理与社会两方面的影响。体力活动可以提高个体对于自己生活的知觉控制，进而提高人的自我效能、知觉胜任感及心理社会控制，这些可以调节个体自尊及自我认知，从而可以提升心理状态，减少抑郁症与焦虑症的风险。

（2）体力活动可提高认知能力

规律的体力活动可以提高儿童的注意力，并降低老年人失智与认知能力流失。通过简易神经状态评估（Mini-mental Status Examination）发现：神经性疾病与身体移动能力有关（如步行速度及步行1km的距离），认知能力与日常身体

能力有关（如握力、移动能力、步行速度及生活起居）。研究认为，有氧体力活动可以加强身体行动能力，从而可以对单次记忆、注意力和反应能力有提高效果，原因在于有氧运动可以提升血液带氧循环速度，增加脑容积，从而改善神经传递系统。

2.3.3 不同环境设定下的体力活动

绿色开放空间相比其他类型城市空间与体力活动关系更加紧密，其中自然景观和植被绿化会增加绿色开放空间对于体力活动的吸引力。研究表明，大部分人群对于自然景观，尤其是水景资源有着天生的亲近性和互动性，从而增强进行体力活动的动机[50]。绿色开放空间在体力活动方面的优势还有以下表现。

（1）绿色环境中的体力活动比同等条件下人工环境可以带来更多的健康效用，如提升情绪，更加容易缓解压力并且更加容易让人集中注意力等，但是并没有证据表明会有更好的生理健康益处[51]。英国一项研究通过对比城市愉悦、绿色愉悦、城市破败、绿色破败的四种设定中体力活动健康效果发现，单纯体力活动可以降低血压、提升情绪，愉悦的设定可以增加这种益处而破败的场景会削弱这种益处，无论削弱还是增强，绿色设定比城市设定带来更大的影响幅度[52]。大量实证研究显示，同样进行0.5~1小时的中等强度体育锻炼，城市公园等以自然绿化为主的环境，其健康改善效果要明显优于仅有少量绿化的城市街道等建成环境。

（2）在绿色开放空间中的体力活动，尤其是运动锻炼有着更明显的持久性。绿色环境可以带来更加好的锻炼体验。对在绿色开放空间进行体力活动的人群的调查，普遍发现他们都有"更愉悦的体验，希望下次还过来进行锻炼"的描述，另外，实验也证明人们在室外自然设定比室内设定有更高的锻炼频率。

（3）在自然设定中的体力活动会使人们产生更加积极的健康自我分析，如"感觉更加精力充沛，积极的参与感，不容易发怒"，甚至通过在运动的时候观看自然和人工图片也能达到类似效果。另一方面，通过对于心跳、血压的监控，发现体力活动可以带来更多的"压力及紧张的缓解"[53]。

2.3.4 绿色开放空间中体力活动的特征

1. 累积性

累积性是指体力活动的健康效用可以累积，如一次性在公园跑步40分钟，其效果与累积两次20分钟的跑步带来的健康效用接近，所以体力活动对于健康有益的累积是时间而非次数。另有研究表明，有规律间歇性体力活动所带来的健康效果要好于单次长时间的体力活动带来的效果，这个特征与饮食中少食多餐及暴饮暴食的关系类似，同等时间下合理分配频率对于提升体力活动的健康效用有着一定意义。

2. 复合性

（1）强度的复合性：大部分体力活动复合了多种强度，一般有一个主导强度。比如踢足球，由于人在整个比赛中有走路、带球突破、拦截等，整个运动包括剧烈强度、中等强度和轻强度体力活动，但是剧烈强度体力活动可以认为是足球的主导强度。

（2）生物代谢的复合性：大部分体力活动以有氧运动为主，无氧运动仅在柔韧性和肌肉锻炼过程中明显出现。虽然两者对心脑血管和肌脂比都有益处，但研究认为两者结合能够比单一的运动模式带来更好的健康益处。

3. 自我选择性

自我选择性是指使用者在采用某种措施之前已经具有了这种选择的结果[54]。绿色开放空间可以提高人的体力活动水平，居住在公园、绿地附近的居民会更加体力活跃（physical active），然而也有研究表明其背后是否有某种逻辑陷阱，是体力活跃的居民乐于居住在绿色开放空间还是绿色开放空间使附近居民变得体力活跃。这个问题可以通过另外一个问题得以论证：绿色开放空间是否会让附近体力活跃的居民更加活跃？研究发现，同时在绿道上进行交通型和休闲型体力活动的居民比非绿道使用者要体力活跃，但是一旦他们搬到其他地方居住（离绿道很远），其体力活动水平会大幅下降，尤其是表现在交通型体力活动上，问卷表明如果他们居住在绿道附近，他们愿意每天多运动一些[55]。另外还有一种解释是：如果身边有体力活跃的人，自己也会受到积极的影响而参加体力活动，通过这种关系的传递，体力活跃居民会随着离绿色开放空间距离的增加而比例增大。

4. 类型固定性

使用者在绿色开放空间进行的体力活动主要以休闲型和交通型为主。两者在人日常体力活动总量中的比重越来越大。

（1）休闲型体力活动

与其他类型体力活动是以其功用性为目的有所不同，休闲型体力活动主要是消耗能量，而其他类型体力活动的主要目标是提高效率节省能量。休闲型体力活动包括了运动类、交往类、锻炼类三大类活动，绿色开放空间是三种活动的主要室外载体。

休闲型体力活动在目前人的日常体力活动总量中比例越来越大，通过健康生活质量报告（HRQOL）的调查结果发现，休闲型体力活动占到人日常体力活动总量的四分之一[56]。随着重体力劳动工作的减少、机动车的使用以及家具设备的升级，与之对应的工作、交通和家务体力活动水平不断下降，而休闲型体力活动在人们日常体力活动中所占比重越来越大。在1991~2006年期间，中国人口体力活动水平总体降低了32%，而其中降幅比例最小的是休闲型体力活动，但仍然占比21%，在某些高收入人群中，这个比例甚至没有下降而是上升。

（2）交通型体力活动

它是指在日常出行中发生的体力活动，对于工薪阶层市民而言，交通型体力活动在每天的总体力活动量中占有较高的比例，它与其健康水平有着密切的关系，尤其是与肥胖症有着密切的联系。研究表明，长时间机动车出行的人和步行时间较少的人，其肥胖比例更高，而非机动车出行则可以增加交通型体力活动水平，从而降低身体质量指数BMI，减少肥胖的发病率。它有以下两个特点。

1）持久性。交通型体力活动更加有规律并且可持续，它主要包括通勤有关行为，如公交车上下班、骑车上下班，其时间较为固定，不易随便改变。积极交通相比私家车、出租车等消极交通型体力活动虽然用时可能稍长，但是成本低，对于增加中下层收入人群的体力活动水平有重要意义。

2）单一性。交通型体力活动主要包括：骑车、步行、换乘时候发生的体力活动，其诱因往往是工作等外力因素，因此其可以引发体力活动的类型单一。另一方面，交通型体力活动由于路径较为固定，周边环境每天重复，也会带来体力活动体验的单一，容易使人产生厌烦、压力等情绪，因此它产生的心理健康益处有限。

─────────── **本章小结** ───────────

本章阐述了本书相关研究的理论基础，并提出了基于建成环境理论、社会生态模型和行为学相关理论的环境—行为—健康理论构架。本书研究中的相关支撑理论是相互独立并且相互融合的，环境—行为—健康这一理论构架正体现了多学科理论的交叉和融合。

人的健康受到了个体、环境和社会的多重影响。环境对于个体健康的影响可以通过调节其行为方式，从而产生长期而稳定的健康影响。体力活动是积极行为的健康表达，城市空间与体力活动关系紧密，通过促进体力活动来改变当代人静态的生活方式是健康设计的一个重要途径，现代生活中交通和休闲型体力活动对维持健康意义重大。根据行为修正理论，设计可以提供行为修正的倾向因素——设施功能、促成因素——设施布置、强化因素——社会氛围。

体力活动与健康关系紧密，但不是所有的体力活动都可以产生明显的健康效用，中等强度以上的体力活动会产生显著的健康效用。相比人工环境，绿色环境中的体力活动可以带来额外的健康益处。在绿色开放空间中，体力活动具有累积性、复合性、自我选择性和类型固定性等特征。

第 3 章

绿色开放空间影响
使用者健康的机制

从人居环境的角度来看，绿色开放空间不简单等同于纯生态和景观意义的园林绿地，它也是一种市民进行运动、锻炼、社交的自然场所，除了生态环境、历史文化、市容美化、休闲娱乐的价值之外，绿色开放空间相比其他类型开放空间对于市民有着显著的益康保健价值，这种价值是伴随着绿色开放空间这一概念的出现就产生的，并且有着地域和文化的差异。

本章首先从生理、心理和社会三个层面归纳了绿色开放空间对于健康的益处；其次根据观念到实证的顺序阐述了绿色开放空间与健康关系的演进过程，并结合中国传统的养生和哲学理念，从选址、植被、造景、动静四个方面分析了古典园林设计对于健康的考虑；然后根据绿色开放空间自然性和开放性属性，对其影响人健康的组成进行了探讨，并从四个方面探讨了这些要素影响人健康的方式；最后在其基础上提出了绿色开放空间影响健康的主动—被动途径框架。

3.1 绿色开放空间的健康益处

除了少数森林自然情景和植物种类会给人的身心健康带来威胁，大部分情况下绿色开放空间对于人的健康是有利的（图3-1），至少是在城市环境为主的地区。因此，这里主要讨论的是其健康的效用而非负面影响，这也是研究绿色开放空间设计的意义所在。

绿色开放空间对使用者的健康效用是一个综合的过程，它包括了心理健康、

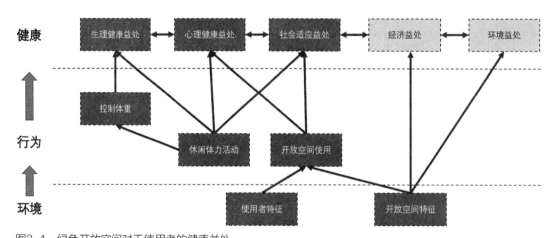

图3-1 绿色开放空间对于使用者的健康益处
（图片来源：根据 "KOOHSARI M J，MAVOA S，VILLANUEVA K，et al. Public open space，physical activity，urban design and public health：concepts，methods and research agenda[J]. Health & place，2015，33：75–82" 改绘）

生理健康和社会适应三个方面。人的健康是一种全面的身心状态，虽然很难分清身和心，但是对于其健康效用的分类可以有助于理解背后的机制。同时也要清楚，绿色开放空间的健康效用并不是全能的，它的健康效用有着群体性和长期性两个特点[57]。具体而言，其健康效用包括以下几点。

3.1.1 改善身体机能和预防慢性疾病

生理健康又叫躯体健康，是健康概念中最传统的一个部分，它是指身体的功能性和代谢水平的完整和平衡。绿色开放空间对于人的生理健康效用如下。

1. 预防部分慢性疾病

接触绿色开放空间有助于减少人们的静态（sedentary）生活方式，鼓励积极活动的生活方式，从而降低肥胖相关的慢性疾病风险。静态生活典型的行为包括久坐和久卧，这是造成糖尿病、心脑血管疾病的一个主要风险因素。现代由于电视、电脑、开车等对于生活方式的影响，城市居民的静态行为时间占日常生活总时间量的比重在增加。良好设计的绿色开放空间可以提供更多的锻炼、娱乐选择，从而减少静态行为时间的总体比重。研究证明，在那些居住于没有或者很少绿色开放空间的社区的居民们中，每天的静态行为时间超过三小时的比例相比有绿色开放空间的居民更高，通过增加绿色开放空间的面积与种类，可以降低人们静态行为时间[58]。绿色开放空间的分布和超重、肥胖率及与肥胖相关的疾病风险有着关联性。

2. 改善身体机能

规律接触绿色开放空间可以全面改善生理机能，其中，绿色植被可以改善空气质量并增加负氧离子，经过人的神经系统和血液循环系统改善生理机能，绿色开放空间也可以降低噪声，从而调节内分泌和部分神经系统，尤其是副交感系统，进而对免疫能力产生影响。因此，长期居住在绿色开放空间的居民有着更好的生活质量和寿命预期。2002年日本一项长期研究发现，在控制其他人口统计学要素如年龄、性别、教育等之后，那些居住在绿化街道、公园附近的老年居民，相比那些居住在普通社区的老年居民有更长的寿命及更好的生活质量[2]。

3.1.2 改善情绪、缓解压力和提高注意力

心理健康，又称精神健康，广义的概念是指一个人可以实现其能力、应对日常生活中的压力并且工作有所成效的状态[59]。接触绿色开放空间带来的心理健康效用体现在以下三方面。

1. 缓解精神疲劳和压力

接触绿色开放空间有助于帮助使用者加快从精神疲劳（mental fragile）中恢复，并缓解压力。2010年英国一项问卷调查表明：居住在公园或者花园附近，或者经常使用这些绿色空间的居民，其平均压力报告相比普通居民较少[60]。绿色环境相比于人工环境更能缓解居民的压力。通过检测心跳、血压等生物体征发现，在公园里散步相比于在普通城市道路上散步可以更少地产生情绪上或者心理上的压力[61]。一项荷兰的流行病学研究发现，绿色开放空间的分布与压力有关，那些居住在绿色开放空间3km以内的人群压力症状比居住在3km以外的要少[62]，公园的使用者往往能更好地控制情绪以及从压力中恢复。

2. 接触绿色开放空间可以改善情绪，减少抑郁症风险

绿色开放空间也可以起到改善情绪，减少抑郁症风险的作用。华盛顿大学的Hannah通过选择双胞胎为样本来弱化遗传要素及早年家庭环境因素的干扰，以此研究绿色开放空间对于生理健康的作用。研究发现，在成人之后，那些居住在附近有高品质绿色开放空间的双胞胎，相对于他们的兄弟或姐妹，显出了较低的抑郁、沮丧等心理症状，反而是更乐观的生活态度[63]。美观的绿色开放空间有助于通过增加视觉舒适感来减少愤怒和攻击性，从而缓解消极情绪[64]。

3. 提高定向注意力

接触绿色开放空间可以调节人的认知能力，增强人的定向注意力（directed attention）。现代生活方式导致的信息刺激过度，使人们容易因注意力缺失而无法集中精力；另外，过量的信息也容易导致人出现短期记忆能力下降、记忆系统紊乱等问题。其中部分原因在于我们居住的环境中缺少自然的要素，尤其是绿色视觉要素。灰色的建筑和人造物更容易使人的注意力产生疲劳，然而接触绿色开放空间中的自然景观有助于恢复使用者的定向注意力并且提高人的短期记忆能力，这对于注意力缺陷症儿童有着明显的改善作用[65]。

3.1.3 提高社会适应能力

社会适应（social well-being）指的是广义的个人在社会中的状态，它包括如何处理与外界人的社会联系，适应社会的能力，物质安全感以及个人自由等[66]，它反映了个人适应外界的能力。社会适应在从前一直被卫生及医学领域所忽视，随着西方老龄心理疾病人口比重增加，研究发现，个体的社会适应能力对生活质量、寿命等有重要影响。绿色开放空间对于社会交往的促进体现在增加个人接触社会的机会。

　　绿色开放空间可以通过提供一个交往的场所来增加社会联系及社会接触，它有助于个人发展自己的社交网络，增加个人的自信与社交能力[67]。绿色开放空间也可以作为一种社会公共资源，积极地参与可以增加人的社区归属感，增加社区群体的凝聚感，从而个体可以更加容易地从社会网络中得到信任与支持，克服个人无法独自解决的问题，带来一系列积极的健康作用，如促进养成健康的生活习惯、减少老人的孤独感、加快疾病的恢复速度等。研究发现，住在有良好绿色开放空间的社区内，居民会有更强的社会凝聚力及更频繁的社会交往，这与绿色开放空间的数量与质量都有联系，而质量相对影响更大一些[68]。

3.2 历史视角下的绿色开放空间与使用者健康

3.2.1　朴素时期

　　人类一直将自然视为具有治愈功能的载体。这反映在几乎所有的文明中都会有一个以花园为主体的天堂，在这里的植物有着精神和物质层面的治愈功能。在古波斯语中，天堂为"Pairi-daezq"，翻译为"理想的空间与生命的空间"[69]。这种治愈的功能与宗教仪式有着密切的关系，在大部分原始观念中，病被认为来自于人的罪，某些植物往往被当作是一种圣洁的象征，可以洗刷这种罪，从而治愈疾病。该时期被称为朴素时期，它来自于人原始的自然崇拜，包括古希腊和古罗马两个阶段。

　　公元前 4 世纪至公元 6 世纪的古希腊埃皮达鲁斯的阿斯克勒庇俄斯神庙群被认为是健康胜地，在这里，大部分神庙被绿色开放空间所环抱并接近泉水[70]，病人在这里通过水疗、空气疗法、日光浴、涂抹膏药、运动以及饮食等进行疗养，其恢复健康的原因一方面是舒适环境的疗养，另一方面是自然和心理安慰剂（plocebo）作用激发了患者的自愈能力（spontaneous healing）。人们相信适宜的气候、洁净的食物和绿色的视野可以使他们更加接近神灵的力量，从而获得治愈的效果并且免于病疫。也有证据显示，古希腊人在建设城市的时候会将自然和景观融入城市环境中，其选址时主要考虑的要素包括泉水以及观看自然的角度[71]。

　　除了古希腊，当时一些其他地方的人相信植物本身具有治疗的能力。大树被认为与生命长度有关，因为它们可以随四季更迭一直生长，这些引发了"轮回"的概念，据说释迦牟尼就是在菩提树下冥想参出轮回。某些花朵也与生命有关，如在古埃及莲花被认为是太阳与生命的象征，它的绽放意味着净化以及痛苦的缓解。

从出土的当时的文献来看，古罗马人已经接受了绿色和自然可以产生健康益处的观念，这些与现代人的观念很接近[72]。他们还认为，理想的城镇环境应该可以提供乡野般的自然资源，这样可以带来生理和心理的健康益处[73]。自然对于人疾病、瘟疫的治疗功能更多体现在水的利用上，古罗马人喜欢通过洗浴来治疗身体的疾病并且恢复健康，这种浴池也被称为矿物质温泉。在那个时候，洗浴是一种精心的仪式，使用者需要经历一系列神圣的步骤来得到治疗的效果，在这个过程中一系列对于水使用的方法都被尝试了，如浸泡、淋浴、泥浴、药浴等。

3.2.2　宗教时期

中世纪的医疗技术仍然有限，无论是精神还是世俗层面，人们对于疾病和健康的认识有着深深的宗教烙印。中世纪时期认为健康和疾病的原因有三种，自然的（先天的）、非自然的（环境的）和超自然的（神圣的）[74]。其中，第二与第三种原因对于当时的健康观念影响最大。该时期称为宗教时期，对于原始自然的崇拜逐渐演进到宗教意义上对身体和灵魂的净化。

从精神层面来看，自然的治愈力量来源于圣经里的伊甸园。在基督教里面，伊甸园是人类祖先没有被赶出天堂时候居住的场所，那里是一个没有疾病瘟疫的场所。在世俗层面中，中世纪修道院的庭院与果园也是一种治疗疾病的工具，它是由券廊环绕的四方形空间，是治疗环境的重要组成部分。根据园林历史学者的记述，庭院中有多种树木，病人可以有充足的散步空间，周围的券廊为其提供了遮阴、庇护、私密、安全的休息环境，患者视觉充满绿意，听觉有悦耳的鸟鸣，嗅觉则有花草的芳香。人们在其中冥想和静修，不仅是宗教修行，也是一种恢复身心健康的过程。Bonaventure等人提出修道院的重要价值在于带来宗教和心理上的健康[75]，强调绿色植物和庭院能保持人们对宗教的忠诚以及健康的品性等。修道院以回廊式的庭院形式为病人提供康复的作用，在圣加伦本笃会修道院（Benedictine Monastery）庭院设计文本中，可以窥见当时修道院花园的基本情况，"开放的四边形庭院中道路交叉相连，联系起中心水景、药草园、厨房庭院和医务花园"，"环绕修道院的场地应该布置草坪与花园以帮助病患疗养康复，修道院中间的花园应该可以诱发人的多种感官感觉"[76]。修道院花园强调用多种感官参与体验绿色空间来实现对于生理和心理问题的治疗效果，与古希腊、古罗马时期相比，它更强调了精神和感官接触绿色所带来的益处。

3.2.3 工业化时期

真正将绿色开放空间作为一种提升公众健康的有效方式是在工业革命之后。在18世纪晚期，由于城市内工厂集中，大量的工人聚集在城市中，他们的住所缺少排水道、公共厕所等卫生设施。1830年英国政府卫生部的一项流行病调查发现，城市居民的死亡率要远远高于乡村居民。1854年伦敦大规模爆发霍乱，短时间内上千人死亡。当时主导的卫生理论是"瘴沼理论"，认为拥挤的环境、工厂废弃物、垃圾导致空间中充满了瘴沼，造成了霍乱的发生。然而，内科医生John Snow发现致病源是受到了垃圾排泄物污染的水源，由于缺少排水系统，污水直接排入泰晤士河，导致了霍乱的大规模发生。这些公共健康危机直接导致了城市公园的出现，绿色开放空间正式成为一种恢复市民健康的方法。英国首相William Pitter提议面向普通工人与市民建立城市公园，提供一个可以锻炼休闲的开放空间以改善其健康水平。最先是开放部分皇家园林来作为城市公园（如海德公园），1832年英国公共设施委员会向国会提出建立开放空间的议案并立法施行，规定在每个社区应该建设公园或者花园以提高地区的健康环境[77]，这些公园被称为"伦敦之肺"。这阶段的重点是通过提供绿色开放空间来提高城市公共卫生水平，从而预防流行疾病的危害，较少提及其对于精神和心理健康的影响，但不容置疑的是城市公园对于城市工人阶级精神层面也有着放松的作用，并且对其市民意识的形成起到了重要作用。这时期有一个重要认识，就是良好的绿色空间对于人的健康，无论贫富，都具有重要作用[78]。

另一方面，19世纪初兴起的浪漫主义运动也波及园林和康复景观，自然对身体和精神的恢复力又一次被重视。卢梭、歌德等文学家对自然能提供给人沉思的精神力量加以赞美。拥有土地的士绅阶层开始建造模仿自然的风景式园林，城市公园设计及城市绿地系统规划也基于居民的身心健康考虑而建设。

在北美，中央公园的设计者Frederick Law Olmsted也认同绿色开放空间与健康之间的关系，他认为过度暴露在人工环境的视觉体验会导致"精神过度紧张，过度焦虑，缺少耐心和易怒"，而带有绿色和自然元素的城市环境"给使用者带来精神的恢复，带来生气和活力，通过这种空间经历使精神影响整个躯体，带来恢复的效果以及整个系统的恢复"[79]。城市公园为市民提供了一个逃离城市拥挤喧闹的休闲与恢复之地，这会提高健康与社会福利以及市民的道德感[80]。

3.2.4 生物医学时期

1. 康复身心的环境

20世纪70年代开始，环境心理学界出现了对于绿色开放空间恢复性作用的一大批实验研究，并证明接触绿色开放空间甚至只是视觉的接触可以给人带来一系列身心健康效用，包括注意力恢复、压力减弱、改善情绪等（表3-1）。Anita在80年代通过对于300人的调查发现，超过75%的人认为带有自然元素（土壤、沙子、树木、草地、天空、阳光、岩石、水、山地）的室外空间具有治疗作用。90年代，Francis与Cooper-Marcus进行了一项旨在寻找哪些共同的自然元素具有治疗作用的研究：89名学生被要求回忆当他们抑郁时候愿意去的地方，结果显示大部分学生喜欢去含有自然元素的公共空间，其中70个学生回忆到了当时的环境印象（风、空气、水、阳光），60个提到了绿色植被；在第二次研究中，他们发现40%的学生提到了自然设定，69%的被调查者认为自然是他们最主要考虑的因素。

这期间影响较大的理论包括Kaplan的"注意力恢复理论"、Ulrich的"压力恢复理论"和Wilson的"亲自然性理论"。Kaplan认为绿色开放空间是一种典型的恢复性环境（restorative environment），它有助于恢复神经疲劳（mental fragile），从而恢复人在复杂环境中的注意力[81]。Kaplan通过实验研究发现，受到精神疲劳困扰的人在绿色空间中停留一阵之后，他们在工作和生活中会表现出更加专注的状态[82]。Wilson的亲自然性理论认为自然本身就是健康促进作用的因素，它包含了声、光、味、质感等丰富的感官刺激。人类与自然长期相伴，因此接触自然或与自然环境近似的抽象形态也能唤起人的亲自然性，激发出人在自然中获得恢复力的本能，而人在单一均质的人工环境，尤其是与自然高度背离的现代城市和建筑中则难以获得这种能力[83]。Ulrich认为绿色开放空间的恢复能力是一种无意识的过程。他的研究表明，与绿色空间的视觉接触可以起到降低压力的作用，限制消极思想，提高情绪，这通过测量血压、心跳等体征指标而获得[84]（表3-1）。

绿色开放空间与健康关系的演进　　　　　　　　　　　　　　　　　　表3-1

	环境空间	活动空间	精神空间	社会空间	主要导向
朴素时期	★	—	★	—	原始的自然崇拜
宗教时期	★	—	★	★	宗教色彩的花园康复治疗作用
工业化时期	★	★	—	★	自然环境减少细菌的滋生
生物医学时期	★	★	★	★	积极生活方式参与自然

2. 健康生活的场所

体力活动与绿色开放空间研究的背景是西方社会正面临着一系列健康危机——肥胖、慢性非传染性疾病和精神疾病的增加，这些健康危机利用传统医学方法并不能完全解决。绿色开放空间对于这些健康问题可以起到一定的治疗和预防的作用，它通过提供人运动休闲的场所来降低肥胖、心脑血管等疾病的危险[85]。

这一领域的研究主要产生在美国，由于不良生活习惯和行为导致人的健康程度下降，尤其是城市郊区化发展，大多数人习惯驾车而缺少身体锻炼。研究发现，美国排名前五的致死原因（心脏病、癌症、中风、阻塞性肺气肿、意外伤害）都与个人不良生活习惯相关，包括吸烟、锻炼情况和饮食结构。不良生活习惯占美国人致病因素的 70%，而在中国也占致病因素的 44.7%。绿色开放空间可以通过促进使用者的体力活动从而养成一种健康的生活方式。

社会生态学理论认为，绿色开放空间与人都是生态环境系统中的一个部分，两者的相互关系越紧密，越有助于两者的健康。大量研究表明，居住在绿色开放空间附近以及积极进入绿色开放空间的人群有着更好的生理和心理健康状况。Mitchell 与 Popham 通过流行病学的方法发现，在英国，发病率与绿色开放空间接近程度（proximity）有着显著的相关性[86]。在荷兰，Maas 与同事发现了住所附近的公园与居民压力之间具有相关性[87]，但这种相关性并不能简单地归结于绿色开放空间的治疗作用，因为只有那些方便到达的高质量的绿色开放空间，才能对健康有着明显的作用，体力活动的提高可以解释这一结果[88]。

3.2.5　中国传统文化中绿色空间与健康

虽然中国传统城市空间中没有出现过绿色开放空间这一概念，但中国古典园林都普遍体现了人与自然如何融合而获得修身养性的健康效用。它起源于遁世与游乐，而后不断发展，成为一种全面养生、修身的独特艺术[89]。通过创造一个微缩的自然，中国古典园林巧妙地通过四个方法建立了绿色空间与健康的联系。

中国传统养生学的核心理念可以总结为四养：①养性情；②养睡眠；③养居所；④养房事。在养居所中，传统养生学特别强调自然环境对于养生的重要性，居所不仅包括起居的房间，也包括人们所处的自然环境，对于其选择与设置要遵循天人相应、形神合一、顺应自然的原理，它可以带来精神和身体的双重颐养[90]。这种传统养生理念在中国古典园林中得到了充分的应用，包括：皇家园林、寺庙园林、私家园林。

1. 环山抱水

无论是老子的"居里仁"、孟子的"居移气，养移体，大哉居乎"，还是《黄帝内经》《吕氏春秋》对于自然环境的阐述，都说明了中国文化很早就意识到合适的地理环境对于健康的意义，洁净的水源、新鲜的空气、充沛的阳光、良好的植被景观历来被认为是养生的佳境。根据中国传统的"卜居""卜宅""择居""相地"的说法，"环山以藏风，抱水以止气"是利用自然环境气势取得养生功效的一个主要方法[91]，这种布局可以形成较好的生态环境，如良好的日照、良好的水循环、良好的空气循环、冬暖夏凉、水土保持等，这些可以为人类提供一个健康的居住环境。自古以来，庙宇离苑多设置在都城近郊或者远离都城的风景地带，江南私家园林虽然多处于城市中，却将风水缩于其中，依然讲究环山抱水的风水格局。

2. 草木皆药

承德避暑山庄体现的"草木茂、绝蚊蝎，泉水佳，人少疾"，更是道出了园林具有的防病谢医的作用，植物是古典园林中最具自然属性且最为生动的造园要素，除了起到愉悦视觉、陶冶情操的景观功能，很多植物还具有相应的药用和保健价值（表3-2），这些植物大多数呈半萌生或者萌生的态势，生长在偏僻的地带，其适应性较强，在郁闭度较高的地带也可以生长，根据其四时规律进行布置，可以起到顺应天时、调养身体的作用[92]。根据现代植物学研究，这些植物的药用价值主要体现在以下几个方面：①嗅觉感受。植物通过散发花香或特殊的气味给人嗅觉造成不同的刺激，从而产生不同的功效。②挥发作用。植物本身通过其树干、茎、叶分泌多种不同的挥发物质，这些物质具有一定的杀菌、增强人体器官免疫功能的作用。此外，某些植物的根、茎、果实可以入药，也可以起到一定防病、治病的作用，如桂花、银杏、山楂、猕猴桃等（表3-2）。

景观植物的药用价值　　　　　　　　　　　　　　　　　表3-2

植物	疗效
银杏	对胸闷心痛、心悸忧郁、痰喘咳嗽等心肺疾病有天然疗效
樟树	散发芳香性挥发油，能帮助人们祛风湿、止痛、行气血、暖肠胃
枇杷	有安神明目的功效
桂花	有散寒、舒胃、平肝、益肾的功效
松柏	分泌挥发物质具有杀死结核菌的作用
菊花	对头痛、牙痛有镇痛作用

3. 叠山理水

山水是古典园林主要创造的意象，《长物志》中的"一峰则太华千寻，一勺则江湖万里"反映了古人对于山水的追求。古典园林山水除了给人以赏心悦目的视觉感受，同时也兼有养生作用。其中，典型的例子是江南私家园林的造水，受到条件限制，造园者只能堆山造水，虽然园林面积较小，但水面比率普遍较大。如拙政园水面可占总面积的三分之一，并且无水不活；再如寄畅园西北部的八音涧，更是利用水系的落差，取得水动、水响的效果。《本草纲目》中指出："人赖水以养生，可不慎所择乎。"园林中的水有着多方面的养生功能，一方面可以清洁环境，湿润空气，改善小气候；另一方面水声可以帮助人们集中注意力，缓解疲劳等。此外，园林中水面有多种荷花、莲花，同时辅以游鱼飞鸟，给人带来恬静的气氛，陶冶人的情操，达到养神的目的。

4. 观望劳形

中国传统的养生理念强调以静养神，祛病的方法"养生贵在养心"。《素问·上古天真论》说："恬淡虚无，真气从之，精神内守，病安从来？"提倡清静养神，淡泊宁静，平和少欲。《庄子·外物》说"静然可以补病"，这点在古典园林中得到了淋漓尽致的体现。园林中自然山水的建造设计深受"隐逸""归复"思想的影响，它所极力创造的"幽栖"环境，不仅可以修复人们生理上的疾患，也可以修复这些园林主人由于长期官场争斗、名利操劳所带来的心理上的疾患，起到调养精神、恢复元神的效用。

古典园林中的游园不仅强调静观，也强调了动观的品赏方式，这与中医养生理念极为相符。传统养生提倡动静结合，认为心神欲静，形体欲动，只有把形与神、动和静有机结合起来，才能符合生命运动的客观规律，有益于强身防病。好的园林是"以静观动，以动观静，则景出"。《吕氏春秋》中："昔圣王之为苑囿园池也，足以观望劳形而已矣。"它指出了园林养生的途径为二："观望"便是欣赏景致，修心养神；"劳形"就是游园锻炼，强健体魄。江南的私家园林中，面积虽不能同皇家宫苑相比，但是园内曲径通幽，道路高低错落、蜿蜒变化，人们在游园的时候或漫步，或登高，或蹚水，或小坐，体现了动与静的节律性交替，园林游赏起到劳形的功效在于适度，"形劳而不倦，气从以顺"，恰好符合"小劳"之说[93]。

3.3 绿色开放空间的构成与属性

3.3.1 环境构成

绿色开放空间的环境组成从不同角度可以有不同分类，这些分类根本上是以人与环境互动的不同方式来实现的。从形态的角度出发，其组成可以包括形状、色彩、尺度、材质和肌理，这些要素会影响人的直观感受，比如以自然要素为主的绿色开放空间中，存在很多不规则形式，这些形式不能被人们抽象形态而感知，因此会产生与室内环境不同的生机感。从感官的角度来看，绿色开放空间的组成要素可以是能感知的类型，它通过光线、声音、材质、气味来影响人的五感。从物质的角度来看，它包括植物、水、道路、广场等实体要素，这些要素具有一定的物质性、时空性与通感性，可以被人很好地识别。从健康来看，人通过在绿色开放空间中感知自然和行为活动获得生理上的舒适、心理上的愉悦和社会层面的适应。因此绿色开放空间设计的健康要素可以根据其提供健康益处的载体分为自然要素和场所要素（图3-2），这两个要素体现了绿色开放空间的自然性和开放性，是其提升健康的载体和媒介，也是区别绿色开放空间与其他类型空间的主要部分。

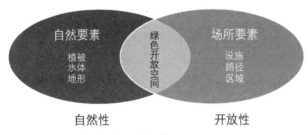

图3-2　绿色开放空间的环境组成

3.3.2 自然要素与自然性

绿色开放空间的不同环境组成会影响其健康效用，首先要分析的环境组成是其自然要素。绿色开放空间的自然要素为其带来的自然性是区别于其他开放空间的重要特征。研究表明，自然要素比人工要素带给人更加愉悦的心理感受，绿色开放空间的自然性是其健康效用的基础。

绿色开放空间作为一种户外空间类型，构成主体之一的绿化植被是影响其健康效用的重要因素，它不仅可以调节微气候、美化环境，也可以刺激人的感官以提高人体相应的应激水平。根据"亲自然性（Biophilia）"理论，可以认为人对于自然要素的喜好是与生俱来的，是在进化过程中融入人类基因的。从实证角度来看，观赏自然景观可以缓解压力、改善情绪和认知能力[94]。另一方面，微气候在绿色开放空间中对人体舒适度的调节起到重要作用。

在绿色开放空间中，植被、水体和地形可以被理解为狭义的生态系统的表现形式，在创建舒适的微气候环境时，三者有着不可忽视的作用。这三者构成了绿色开放空间自然性的基础，也是其区别于其他类型城市空间而具有康复和恢复性的特征。麦克哈格的《设计结合自然》从生态学的角度出发提出利用自然是应尊重自然的城市设计原则[95]，健康的城市环境应该能够良好地适应自然与人类。因此，其自然要素主要包括：绿化植被、水体和地形。

1. 绿化植被

绿化植被包括草本植物、乔木和灌木，是绿色开放空间的重要健康要素，是其"自然性"的基础，它们所具有的物态性和通透感可以被动地带给人们感官刺激，通过反应、回馈、感知和体验，人的心理状态和认知能力可以得到恢复。植物可以使得环境更加贴近自然，同时具有一定恢复性。植物本身所具有的丰富的形态、多样的色彩、不同的尺度可以提供视觉、听觉和触觉的多维体验。

植被可以根据四季的变换带给使用者丰富的视觉刺激，根据环境心理学研究，丰富的自然景观会激活人的"亲自然性"而产生相应的缓解压力、改善情绪等健康效用。植被因四季的变化有着鲜明的改变，冬季的枯枝败叶、春季的生机盎然、夏季的枝繁叶茂、秋季的色彩斑斓，为人们的视觉带来了极大的变化。Corti等人认为树木和鸟类属于公园美学特征的体现，其存在以及维护（例如草坪的灌溉）会影响公共空间的使用，品种多样的一年生花卉、多年生花卉、灌丛和乔木，尤其是冬季长青类植物，能给人们带来视觉刺激的最大化；种植和细部设计，如利用色彩、质地、形状和味道的变化来创造丰富多彩的美学环境，可以增添视觉美感和活力。同时，植物还能够为人们提供娱乐项目：枝杈多的、造型特异的树木可以供儿童攀爬；草坪区创造出小尺度的亲切空间——草坪区的亚空间，供小团体人群使用。沙沙的树枝声、柔软的草地还会给人带来视觉外的听觉和触觉等亲身体验，更增强了空间的吸引力。

2. 水体

水是绿色开放空间中软性的健康要素，也是仅次于植物的健康要素，包括湖、池、溪、喷泉等类型。它一方面可以提供宁静的氛围使人安神养元，也可以增加负离子浓度，改善小气候。水体对于人的健康有着多种促进功能。水体可以为使用者提供一个嬉戏和休闲的场所，除了水上运动之外，水岸往往是绿色开放空间中最吸引人的地方，可以促进多种运动和锻炼的进行。水体也可以起到调节小气候而改善使用者舒适度的作用，夏季高温，水的蒸发能够降低周边温度，提升微气候舒适度；在水中饲养的鱼、鸭子、乌龟等动物，通过刺激人们的听觉，能够增添视觉美感和活力。例如，波特兰公园和杰米森广场是波特兰河岸区规划的公园系列。在整体规划上有连续的休闲区域、步行和自行车路线，公园通过不同的比喻的手法表现"水"或者其他公园的水源，通过水这一元素维系着风格不同的几个区域。

3. 地形

地形是绿色开放空间中活跃的健康要素，它既可以创造自然空间也可以成为观赏的对象，结合地形设置高低变化的场地，可以提供多样的锻炼方式。

地形与植物的配合也可以创造宜人的微气候。微气候与使用的舒适度密切相关，既直接影响运动锻炼等健康相关行为，也间接影响人的身体状况。怀特对纽约市小型城市空间的社会生活进行考察后，强调避开不利气候因素、确保户外活动的良好条件的重要性，通过地形可以调节微气候，避免不利天气的影响，进而创造宜人的环境。

3.3.3 场所要素与开放性

绿色开放空间不仅是一种自然景观，也是人们进行休憩、锻炼和交往的场所，这是它有别于纯粹自然空间的主要特征。使用者不仅有接触自然的机会也有进行其他活动的可能，从而产生一系列生理和心理健康益处，这体现了绿色开放空间"开放性"特征对于健康的益处。

绿色开放空间的场所要素对于使用者活动有着直接影响，设施可以影响人的行为，路径可以引导人移动的路线。芦原义信认为，虽然空间与人的各种感官均有关系，但是视觉是人们匹配行为和空间的重要依据，他认为有人活动的空间比自然更加有意义，原因在于人创造的这种空间是积极的、能满足人的需求和功能需要的向心空间，而自然则是离心空间。人们会倾向于去那些能够满足他们需求的场所，并且根据自身的需求对于环境进行判断，因此绿色开放空间的场所要素应该能提供使用者进行多样的活动，其场所要素可以包括设施、路径和区域部分，这三方面分别形成点线面的系统，提供使用者可以进行活动的场所。

1. 点要素——设施

绿色开放空间的点要素主要为设施和其附属场地，设施使用的便捷性提供了场地如何被使用的线索，两者的界限有时候很模糊，使用者往往习惯于围绕或者沿着某些设施来展开各种活动。通过对绿色开放空间活动类型和设施梳理的调查发现，设施对于绿色开放空间的使用有着直接影响。当这些点要素的类型满足了使用者活动需求时，活动得以展开，从而带来健康益处。从使用角度来看，这些点要素可以分为休憩设施、娱乐休闲设施、运动健身设施和公共服务设施，每种设施有着互相重合叠加的关系，并结合一定的场地空间形成了绿色开放空间的节点，为使用者提供了各种活动的机会。设施的便利性和休闲性是开放空间吸引使用者的重要因素，设施的类型与这些使用的特征有着内在关联性。

设施的便利性应体现在公共空间为使用者提供用于休息和使用的休憩设施、用于寻路的指示设施、用于夜间活动的照明设施和用于购买商品的商业服务设施。其中，休憩设施的作用不仅仅是用于休息，还能为人们提供交流和人看人的机会。该类设施可采用座椅形式，还经常包括长廊、凉亭、室内/半室内休息室等形式；商业服务设施除了为人们提供商品，设立在室外的咖啡座椅和餐桌同样为人们提供了交流和人看人的机会。

2. 线要素——路径

绿色开放空间线要素主要是路径，包括车行、非机动车和步行路径，其中步行路径对于使用者的健康意义重大。步行是对人体健康最重要的一种活动类型，步行也是绿色开放空间中最具普适性的、最容易开展的，同时也是可以每天进行的健康活动。道路铺装设计与路线设计对人们有着重要的影响，故在设置路线时应按照人们的行走习惯和活动类型铺设适宜的蜿蜒小路或宽敞大道。

路径也是绿色开放空间的构架系统，承担着引导人流、联系各个功能分区和空间分割的功能，它与自然景观一起构成了绿色开放空间的健康骨架，它不仅是健康活动的承载、获得锻炼机会的通道，也是将空间内各种点要素联系起来的重要途径，是使用者进行行走和跑步活动的主要场所。

3. 面要素——区域

从对于使用的影响来看，绿色开放空间中的面要素主要由可活动区域和景观区域组成。这两种区域可以根据铺装的软硬性质来区分。

可活动区域通常是指硬质广场、步行道等人可以行走和活动的部分，也包含部分可以进入的草地、裸露地面等。硬质铺装集中，能提供用于活动的亚空间，根据硬质铺装的图案、材质、颜色等属性，在无需阻隔物的前提下形成视觉上的场所与围合感；非集中的硬质铺装则可铺装成行走道路。

景观区域则是指使用者难以展开活动的草坪、灌木、乔木、水体、陡坡等软质地面，这部分以绿化景观为主，是绿色开放空间的主要特征和传统意义上可以带来健康的资源。

另一方面，自然要素和空间场所又是很难分开的，比如某些乔木是一种自然景观元素，同时也是围合外部空间的要素，通过围合、覆盖、隔离实现对空间的创造（表3-3）。两种要素组成的复杂性决定了绿色开放空间影响使用者的健康作用途径和方式的复杂性。

绿色开放空间中影响健康的环境组成　　　　　　　　　　表3-3

环境组成	要素种类	要素的健康作用
自然要素 （自然性）	植被	1. 净化空气，杀菌除尘，降低噪声，减少某些传染性疾病致病源 2. 改善小气候，调节温湿度，改善人的生理机能 3. 色彩、质感、肌理刺激人的感官，缓解压力及改善情绪
	水体	1. 创造安静宁和的空间，缓解人的心理紧张 2. 增加空气负离子含量，调节空气温度、湿度，创造舒适的环境 3. 水浪脉动可以调节人的交感神经和植物性神经
	地形	1. 地形和植物的配合可以减弱噪声，有助于睡眠 2. 改善小气候，提供适宜休憩环境 3. 地形可以形成丰富的视觉景观，刺激人的感官，产生"魅力性"的环境特征，增强人的认知能力
场所要素 （开放性）	区域	提供人们进行跳舞、打球等固定活动的场所，有助于增加使用者的活动量，并且愉悦心情
	路径	1. 提供人们进行散步和跑步这类线性活动的场所，有助于增加使用者的运动量 2. 连接面与面、点与点、点与面，提供使用者进行多样活动的可能
	设施	1. 提供活动设施，支持多种活动的可能性，满足使用者活动需求，产生健康益处 2. 为人的活动提供服务支持，鼓励人的社交活动，增加社会支持

3.4 绿色开放空间影响使用者健康的方式

从健康的角度来看，绿色开放空间既是生态系统的一个部分，也是一种恢复性环境，还是一种体力活动的支持环境和社会交往发生的场所。接触不同类型的绿色开放空间能产生不同的生理、心理和社会适应的益处。绿色开放空间自身组成的多样性和健康影响要素的多样性决定了其对于健康的影响有着复杂的方式，理解这些方式有利于了解绿色开放空间的哪些方面是怎样影响个体健康的。

目前，对绿色开放空间影响健康效用的研究多从某一点出发，缺少多种影响方式的综合比较，其原因在于绿色开放空间的类型不同，针对的人群的健康标准不同，并且每一项单独研究的范围有限，因此很难得出比较的结论。然而笔者相信，绿色开放空间对于效用的方式有着内在的逻辑，寻找这种内在的逻辑对于如何通过规划设计干预绿色开放空间的健康效果至关重要[96]。考虑到绿色开放空间设计与健康的研究一直处于不断的发展中，因此本书采用了文献筛选的方法对其影响方式进行梳理（表3-4）。

文献搜索结果 表3-4

作者时间地点	研究设计	绿色开放空间设定	健康研究对象	数据采集方法	研究发现
Thomas Sick Nielsen 2006年 丹麦	观察研究：通过丹麦一项国家健康普查，调查绿色开放空间可达性和居民使用情况以及对于压力和肥胖情况的影响	城市公园 街区花园	随机选取成人对象 $n=12846$	流行病学调研；电话访谈	绿色开放空间的可接近性对于肥胖和压力有着显著的影响，绿色开放空间可以提高人们户外活动水平和健康出行
Richard Mitchel 2010年 英国	观察研究：利用遥感技术调查286个城镇绿色开放空间的覆盖率以分析其与居住人口疾病和健康质量的关系	城市公园 街区公园 绿道 社区公园	随机选取成人对象 $n=1625495$	流行病学调研；电话访谈；GPS；GIS	大块的绿色开放空间比小块的绿色开放空间可以带来更好的健康益处，它可以更加有效地鼓励体力活动，没有发现直接接触自然与人的疾病之间的联系
Jacinta Francis 2012年 澳大利亚	观察研究：在同一个社区中，比较绿色开放空间的质量和数量对于心理健康的影响，根据的是社会—生态模型理论	城市公园街区公园社区花园街景绿化	随机选取成人对象 $n=911$	流行病学调研；问卷调查	高质量的绿色开放空间可以通过其累计的恢复性环境作用来降低精神压力，主要通过与环境的视觉接触
Gavin R McCormack[97] 2014年 加拿大	观察研究：多案例比较研究，采用了定量和定性的两种一手观察数据，集中于加拿大卡里加尔的四个城市公园	城市公园	四个公园的使用者 $n=72$，观察者 $n=5$	现场观察	公园的空间和社会属性，以及周边社区属性可以通过影响体力活动种类来影响使用者健康
Stigsdotter 2010年 丹麦	观察研究：根据丹麦的一项国家健康普查，研究绿色开放空间可达性与主观健康分析的关系	城市公园 街区公园 社区花园	随机选取成人对象 $n=11238$	流行病学调研；问卷调查	绿色开放空间可以为受压人群通过恢复性环境作用提供更多的减少压力的效用，对于其他人通过建立社会联系和体力活动提供一系列健康益处
Rikke Lynge Storgaard 2013年 丹麦	观察研究：利用问卷、GIS分析绿色开放空间和静息时间的关系	城市公园 街区公园	随机选取成人对象 $n=49806$	流行病学调研；电话访谈	绿色开放空间在步行和骑行距离之内，可以降低静息时间，增加体力活动的机会，从而可以减少超重的风险

续表

作者 时间 地点	研究设计	绿色开放 空间设定	健康研究 对象	数据采集 方法	研究发现
Charles C. Branas 2011年 美国	观察研究：通过一个长期跟踪的比较研究比较一个城市空地的绿化项目建成前后的健康水平变化	城市公园 街景绿化	随机选取成人对象 $n=49806$	流行病学调研； 问卷调查	通过将城市空地进行绿化，可以降低犯罪率和增加社会接触，从而提高人的社会健康水平
Hu Z 2008年 美国	观察研究：通过生态学和地理学的方法来分析绿色开放空间、空气污染和哮喘病的关系	城市公园 街区公园 社区花园 绿道	没有明确说明	流行病学调研； GIS	绿色开放空间可以帮助降低空气污染（固体颗粒物和废气），从而降低哮喘病的发病率
Cohen D A 2007年 美国	观察研究：直接观察公园使用者的行为并且分析其与公园设计特征的关系	城市公园 街区公园	随机选取成人对象 $n=1318$	流行病学调研； 访谈； 观察记录	绿色开放空间可以提供更多的健康益处给男性，一是出于安全的考虑，女性不愿意使用这些场所，二是绿色开放空间与剧烈体力活动有着明显的联系，这部分主要以男性为主
Coombes 2010年 英国	观察研究：检验绿色开放空间可达性、使用频率、超重和肥胖可能性来分析绿色开放空间与健康之间的关系	城市公园 街区公园	随机选取成人对象 $n=6821$	流行病学调研； GIS	绿色开放空间可以通过鼓励高频度和高水平的体力活动来优化居住其附近居民的BMI
Roemmich 2006年 英国	实验研究：长期跟踪研究家庭附近绿色开放空间与儿童的静息时间的关系	街区公园 社区花园	儿童 $n=59$	GPS； 观察	公园的可达性与体力活动的参与水平有着正向联系，同时可以减少儿童在家看电视的时间，从而降低其肥胖的风险
Ryan 2010年 美国	实验研究：利用五个研究来分析室内和绿色开放空间中运动锻炼的健康效果	学校绿地	男性大学生$n=14$， 女性大学生$n=66$	问卷调查； 计步器	户外运动锻炼相比室内锻炼可以带来更大的健康益处，绿色开放空间的自然元素可以增加额外的恢复性环境作用从而增加了其对于健康的恢复
Coen S E 2006年 加拿大	观察研究：从蒙特利尔的6个街区选择了28个公园，研究其布局与周边居民的健康状况	城市公园 街区公园 社区花园	公园数量 $n=28$， 随机选择调研对象 $n=671$	问卷调查； 访谈	公园的质量与居民的自我健康感知和生活质量有着密切的联系，其主要原因是体力活动对于健康的促进
Henk Staats 2004年 荷兰	实验研究：研究分析了人们在公园和城市广场散步所带来的健康效果的异同。其中是否有人陪伴是一个调节要素	绿化街景 城市公园	大学生 $n=106$	观察； 问卷调查； 计步器	绿色开放空间相比人工环境可以有更明显的注意力恢复性作用
Kalevi M Korpela 2010年 芬兰	观察研究：研究利用问卷调查来分析绿色开放空间与居住地的距离以及居住者的健康状况	城市公园 街区公园	随机选取成人对象 $n=1273$	GIS； 流行病学调研； 问卷调研	绿色开放空间到居住地的距离与人们积极出行的比率有着关联性，其自然设定能更加鼓励人们展开交通相关的体力活动

续表

作者 时间 地点	研究设计	绿色开放 空间设定	健康研究 对象	数据采集 方法	研究发现
Hartig T 2003年 美国	实验研究：利用血压、心跳以及情绪问卷来测量人在绿色开放空间及人工环境中工作一段时间后的生理指标	城市公园绿化街景	随机选取成人对象 $n=112$	问卷调研；计步器；血压仪；心跳仪	在绿色开放空间工作的参与者显示更低的压力水平和更高的情绪值，这表明自然的恢复性环境作用可以对工作活动产生一定影响
Aleksandra 2013年 英国	观察研究：研究检查了人去周边公园的次数和其社会纽带的数量的关系	城市公园街区花园	随机选取成人对象 $n=1500$	观察；问卷调研	研究发现在公园的质量、人们访问的次数和社会纽带之间存在一定的联系，高质量的绿色开放空间可以帮助提高生理健康以及社会健康水平
Jolanda Maas 2009年 荷兰	观察研究：研究利用参与者的社会联系和其居住地址附近的绿色开放空间来分析其社会健康与绿色开放空间的关系	城市公园街区花园绿化街景	随机选取成人对象 $n=10089$	问卷调查；GIS	人的居住环境中缺少绿色开放空间会导致孤独感和缺少社会支持，在这里绿色开放空间与社会资本的关系可以作为一种解释因素
Mitchell 2008年 英国	观察研究：研究通过地理的方法分析了收入差异、发病率和绿色开放空间的分布	城市公园绿道街区花园	随机选取成人对象 $n=32482$	问卷调查；GIS	接触绿色开放空间的程度与社会纽带的创建有着积极的联系，并影响人的生病率

　　表3-4中大部分研究将绿色开放空间归类于"公园""城市绿地"，主要研究方式包括：①将绿色开放空间作为一种绿地类型与其他人工环境进行健康效用的比较；②研究绿色开放空间的绿化度与健康效用的关系；③探讨不同植被类型的绿色开放空间对于健康效用的异同。另外一部分与设计有关的研究将绿色开放空间以一种整体的形态展现出来，重点分析其可达性和使用情况。还有以空间要素和特征为内容，分析人对这些要素感知的区别对于健康效用的影响。

　　根据文献的总结可以得出以下两个结论：①在绿色开放空间类型和梳理相似的情况下，不同的空间组织方式和设计会产生不同的健康效用；②绿色开放空间的健康效用取决于人们对空间的体验以及在场地中的活动，因此，在考虑其影响健康效用的方式时必须将空间设计和组织考虑在内。

　　绿色开放空间影响健康效用的方式也不是单一的，在实际情况中更多的是各种方式综合作用产生的健康效用。比如，在公园中跑步，既包含了自然恢复作用可以使人的心情愉悦，同时也包含了促进体力活动增强心肺功能以及空气净化所带来的益处，而且如果中途遇到了邻居，停下来交谈一下，则增加了社会交往的方式（表3-5）。

绿色开放空间影响健康的两级方式   表3-5

一级影响方式	二级影响方式	健康效用
恢复性环境作用	压力恢复性作用 注意力恢复作用	缓解压力，改善情绪 恢复定向注意力
生态康复作用	空气净化 降低热岛效应 自然背景声的 α 律动	改善神经系统，预防呼吸道疾病 降低老人的猝死率 调节神经系统和血液循环
促进体力活动	作为户外活动的场所 作为户外活动的目的地 作为户外活动的路径	预防慢性疾病 预防肥胖和超重 改善肌肉和心肺功能
促进社会交往	促进社会资本的形成 增加社区凝聚力 增加社区安全感	增强社会适应能力 预防抑郁症、精神疾病 增加自信、安全和舒适的感知

3.4.1　自然的恢复性环境作用

"恢复"是指由特定的环境或者配置引发的心理和生理恢复的过程，它包括了机体从先前的压抑状态的恢复，也包括心境恢复和自我反思的加强，这个过程包括了身心资源和机能的更新，如个体情绪的积极转变、自主唤醒水平的下降以及认知水平的提高，因此该过程就叫恢复性环境作用。

大部分的环境设定都有一定的恢复性作用，比如夜景时候的城市天际线会对人心理有着一定恢复性作用。恢复性环境作用与对象的属性密切相关，对于宗教人士，寺庙是其恢复性环境；对于游客，某些博物馆是其恢复性环境。但是相比自然景观，人工环境对于健康的恢复性作用非常有限。并且在大多数情况下，自然环境对于大部分人群都有着显著的恢复性环境作用，因此可以认为恢复性景观中的自然要素是其恢复性环境作用的主体，然而该自然要素区别于原始的荒野自然要素，这是经过人工改造具有一定人类烙印的自然，该自然更加符合人类的审美经验，使人在更加私密的情境中达到主客观的统一。

1. 对于压力的缓解

人接触到自然环境或者是视觉接触到绿色空间可以产生即时的压力恢复作用，调节内分泌系统和交感神经，特别是负交感神经作用，进而对于免疫力产生积极影响。该作用基于压力恢复理论（Stress Restoration Theory，SRT）。

该理论是由Ulrich于1983年提出的，SRT认为自然景观的恢复性环境作用是一种间接的、无意识的过程，这种过程存在于人类大脑中最古老、情绪驱动的记忆中，这种记忆是人类从自然界中进化而产生的，它提示大脑什么时候应该活跃，什么时候应该放松，什么时候需要警惕。自然环境可以缓解和恢复人们生理或者心理的紧张，而人工环境则会加剧这种紧张与兴奋。

绿色开放空间作为一种积极环境因素，可以被人无意识地识别，从而起到缓解压力、促进积极情绪的作用[98]。人会从周围环境读取信息，同时对于环境信号产生反应，并且判断信息，不同判断结果会导致机体紧张或者是放松，从而影响机体健康。人渴望亲近自然和绿色空间的本性来源于基因适应和竞争优势，自然环境无论对人类的生理健康还是心理健康都是一种重要的资源[99]。

绿色环境相比于人工环境更能引发人对于周围环境安全感的认同，从而带来健康益处。这种对于环境的反应是一种人类对于自然的本能反应，随着人类进化历史一直到今天。该研究证明与自然的视觉接触可以带来情绪的、行为的、心理上的降低压力的作用，这种健康益处可以非常快地被体验到：某种自然景致可以激发人的积极情绪并吸引人的注意力，替代限制消极情绪，并将由于消极情绪所带来的紧张降低到一个适当程度。根据Ulrich的实验研究，这种反应可以通过人的一系列生理指标变化被检测到，如血压、心跳、肌肉松弛度。

2. 改善情绪

人在自然中停留一段时间或者观察绿色环境可以抑制排解负面情绪，并且激发积极情绪。根据SRT，恢复性环境作用最初来自于情绪的变化，而这种变化是不需要认知进行调节的。接触自然带来积极情绪变化，进而缓解压力并且降低自主唤醒水平，最终诱发恢复性作用[100]（图3-3）。观察者接触到自然景观会产生美感反应（aesthetic response），根据Wilson的亲自然性说，人类天性会对自然抱有积极态度，这种对于自然环境的偏好源于人类进化的过程。长久以来，自然环境往往是人们获得食物、水源的场所，人类对于空间和开敞度的视觉感知与安全

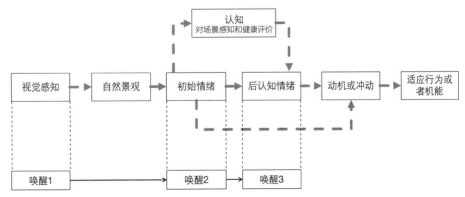

图3-3　压力缓解理论SRT的原理图
（图片来源：根据"ULRICH R S, SIMONS R F, LOSITO B D, et al. Stress recovery during exposure to natural and urban environments [J]. Journal of environmental psychology, 1991, 11（3）：201-230"改绘）

性密切相关，空间开敞和稀疏的草原风景的自然环境暗示着人类生存和繁衍的资源，因此接触自然景观可以激发人最原始的记忆，产生放松、愉悦的情绪，从而产生恢复性环境作用，如降低人的压力水平、改善心情、对于免疫和神经系统产生一定益处（图3-3），这是人工环境难以出现的健康效益[101]。

人接触自然环境后情绪和认知变化产生的恢复过程可以通过情绪和唤醒模型来分析，SRT中认知和情绪是独立但相互作用的两个过程，情感与认知发生在人脑不同区域，边缘系统先于新皮质，前者关系到情绪的表现，后者关系到认知等思维活动。人接触自然最早的情绪和唤醒程度关系到注意力的指向和持久性，从而影响对景观要素的感知，当对于自然要素的感知达到了有意识的程度便产生了第一层次反应，称为初始情绪（initial affective reactive）[102]，这时产生了对于环境的概括性认知，这可以唤醒人的脑电位和植物神经系统，并且进一步触发认知和行为活动。如果初始情绪较弱，将不会对接下来的认知产生影响，如初始情绪较强，人对于环境产生兴趣和分析，人的后认知会产生进一步的唤醒，而该阶段的情绪变化受到人的文化背景、后天环境等因素影响，后认知的唤醒又会影响个体对于环境的行为和感知，形成人与环境复杂的交流过程。

基于此，Ulrich进一步提出了"支持性花园设计理论"，认为与人需求相适应的环境能够提高人对于压力的恢复能力，自然景观如花园和绿地可以增加使用者的控制感，从而改善情绪，缓解压力。良好的恢复性环境应满足三个方面的条件：①有着适当的深度和多样性；②有着清晰的空间结构和聚焦点；③有植物、动物、岩石、水体等自然元素，不包含危险物。恢复性景观一般具有这三个特征，其经过设计的自然要素和体验空间可以激起个体的积极情绪，缓解压力水平，降低自主唤醒水平，最终实现对于健康的恢复。

3. 提高定向注意力

根据Kaplan的实验研究，接触自然和观察绿色开放空间可以提高人的短期认知能力，尤其是其定向注意力。该定向注意力理论（Attention Restoration Theory，ART）是由Kaplan夫妇于1989年提出的，主要是阐述接触自然环境对于认知能力的恢复，尤其是注意力。与SRT无意识的快速心理恢复不同，ART认为注意力恢复的过程是一个缓慢的认知过程。人们接受信息主要通过两种注意力：定向注意力（directed attention）和非定向注意力（indirected attention）[103]。定向注意力是指有意识要完成某个任务所需要的注意力，是人类绩效（human effectiveness）的重要组成部分。人类日常工作和学习主要使用的是定向注意力，然而城市环境中有大量复杂的视听信息，对于这些信息的解读会导致定向注意力的消耗并难以恢复，长期如此会导致频繁出错与容易冲动。

ART中恢复性环境是指有利于定向注意力恢复的环境，该环境主要包含了"远离（being away）""吸引（fascination）""延伸（extent）""兼容（compatibty）"四个特征。远离是指离开日常需要定向注意力的环境和设定，回避疲惫下的认知模式，使得定向注意力恢复成为可能。吸引是这四个要素的核心，指环境信息无需有意识的努力就可以被人所认知，它包括"软吸引"（soft fascination）和"硬吸引"（hard fascination），其中软吸引是指自然环境的特征。延伸是指环境各个要素相互关联构成一个整体，个体可以通过感知部分空间而对整个系统有所联想。兼容是指环境可以满足人的需要和目标，同时人的决定也应该适应环境的要求。Kaplan更加激进地认为，无论是真实的环境还是虚拟的想象（如图片、视频等），只要满足这四个特征，体验者都可以获得恢复性体验。针对ART四个特征，研究者编制了一系列量表对其进行分析，其中Hartig编制了第一个感知恢复量表（Perceived Restorativeness Scale，PRS），该量表将四个特征划分为两个维度，远离、兼容和吸引为一个维度，延伸为一个维度[104]，虽然有较好的信度和效度，但也带来了一定的问题。1997年，Hartig等将PRS量表进一步修改，仍然保持了四个特征的独立性[105]。在此基础上，Laumann等进一步建立了五因素模型，其中远离这一特征又被分为新奇（nodety）和逃离（escape）[106]，这为Pals的PRCQ量表建立了基础，但是其中延伸要素只表现了环境的一致性，并没有包括范围[107]。

3.4.2 植物的生态康复作用

1. 净化空气

树林中高含量的负氧离子及乔木所散发的植物芬芳具有洗肺、改善心肌功能、镇静自律神经、杀菌、激活人体内多种酶等作用。高浓度的负氧离子可以调节神经系统，对神经衰弱、失眠有益；加强新陈代谢、血液循环，提高血清碘酸和凝血酶及血钙含量，对高血压、心脏病有辅助治疗效果；促进维生素的形成及贮存；加速肝、肾、脑等的代谢过程；改善呼吸功能；增强人的嗅觉、听觉和思维活动的灵敏性。

另一方面，绿色植被可以吸附颗粒粉尘污染物（PM_{10}以上）及降低硫化物、氮化物、臭氧在空气中的水平[108]。我国部分大城市面临雾霾的影响，市民呼吸道发病率近些年急剧升高，从这一点来看，绿色开放空间减少空气污染对于市民健康有着更加显著的意义。

不过，也有研究表明，绿色开放空间对于空气污染的过滤功效极其有限，并且往往是污染越严重的区域其绿化布置越多，因此，该机制并不能有效地说明两者的因果关系。

2. 减弱噪声

城市背景噪声对于居民有着持久的伤害，研究认为噪声可以全面影响身体系统，包括神经系统、内分泌系统、心血管系统、消化系统和部分器官。长期生活在噪声中，会导致神经衰弱、易怒和难以集中注意力等症状。

绿色植物可以有效地削减噪声给居民带来的不利健康影响，尤其是交通噪声方面的影响。植物的降噪作用是因为声波在树林中传播时，经树叶、树枝的反射和折射，消耗掉一部分能量，从而降低了噪声。同时，粗大的树干和茂密的树枝，消散了声音，然后使部分声音沿着树枝和树干传导到地下被吸收掉。

另一方面，自然背景下的水流声、风声等声音可以直接对体内器官产生共振效果，其中α频段的律动会使人体分泌一种生理活性物质，调节血液流动和神经，让人富有活力、朝气蓬勃。此外，自然植被，尤其是乔木类植物可以吸收削弱噪声，调节使用者心率[109]。

3. 降低热岛效应

绿色植被可以通过吸收水分增加蒸腾效用，从而降低地表温度，缓解热岛效应，可以减少夏季极端气候导致的老年人器官衰竭导致的死亡。蒸腾是植物有机体维持生命的正常活动，夏季一部分太阳辐射会被树冠所反射和吸收，树冠吸收的辐射热主要用于光合作用和水分蒸发，水分蒸发是将液态植物水变为气态，这一过程会消耗大量热量，从而使得周边环境温度降低而湿度上升。植被相比裸地可以吸收超过90%的阳光辐射，降低10%左右的风速，从而降低城市表面的温度和建筑热负荷。纽约的一项研究发现，绿色开放空间本身作为城市冷岛的一部分，夏季其表面温度相比周边裸地低6~7℃，湿度比裸地高36%。因此，大面积的绿色开放空间可以有效降低城市的热岛效应，并降低夏天老人因为炎热过度导致的死亡率[110]。一般来说，当绿化覆盖率超过30%时，绿色开放空间就可以起到调节维护气候的作用。

3.4.3 促进体力活动

体力活动（physical activity）是指身体通过骨骼与肌肉的相互作用消耗一定能量而产生的运动。体力活动对于维持健康具有重要意义，规律的体力活动可以降低肥胖、心脑血管疾病和抑郁等风险[111]。绿色开放空间能够通过提供体力活动所需要的场所来影响人的体力活跃程度（图3-4），尤其增加人们进行户外体力活动的机会[112]。相比街道、广场等其他开放空间类型，绿色开放空间与人的体力活动联系得更加紧密[113]。这种内在的紧密联系体现在以下两个方面。

（1）自然带来的舒适性。绿色开放空间的树木可以为活动的人群提供一定的遮阴和挡风条件，隔绝一定的噪声和污染，这都增加了绿色开放空间对于市民的吸引力，此外其软质下垫面（水、草地、植被）带来的局部舒适小气候也为市民的户外活动提供舒适的环境。

（2）自然景观的视觉吸引。凯文·林奇在《城市意象》一书中提到，人更喜欢在视觉环境优美的地方进行非必要性活动。绿色开放空间一方面本身包含各类自然景观和小品，可以为使用者提供一个较好的视觉环境；另一方面，它的选择多位于风景优美的地方，往往对应着山水湖泊，使用者也可以获得较高的外部视觉感受，从而促进其散步、漫游等活动。

1. 体力活动的目的地

环境良好的绿色开放空间本身可以作为一种目的地或景点来吸引居民或者游客使用，人们前往目的地的过程中会产生骑车、步行等健康体力活动。研究发现，随着公园、绿道、绿地等开放空间的增加，人们采用非机动车出行的概率也随之增加。其原因之一是绿色开放空间一般作为户外休闲娱乐活动的中心，对于时间上没有如通勤、上学等的硬性要求，因此愿意采用积极交通方式的人群比例会上升。对于某些人群来说，积极交通出行方式更加符合他们去绿色开放空间休闲锻炼的心理预期，并且在气候和环境适宜的情况下，步行、骑行等方式能带来更为舒适和放松的出行体验。

绿色开放空间相比其他类型公共开放空间更具有持久的吸引力。美国行为学家Orpela发现相比于其他类型的目的地，50%~60%的成人更喜欢到具有自然特

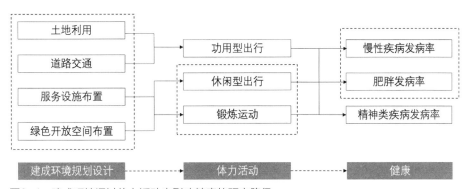

图3-4 建成环境通过体力活动来影响健康的研究路径

征的公共场所去进行休闲活动[114]。一些公园及花园对于某些人群如老人、儿童具有特别的吸引力，成为他们每天进行户外体力活动的主要动力。对于游客而言，绿色开放空间往往是一个地区的标志和热点，如温哥华的斯坦利公园、纽约的中央公园，这种情况一般发生在城市中心。对于那些情绪低落、长时间抑郁的人群，他们更加倾向于选择具有植被和水景的绿色开放空间作为其闲暇时间的去处。绿色开放空间也能促进人们绿色出行，研究表明，居住在绿地及公园附近的居民，更加倾向于通过走路及骑车的方式到达目的地而非开车[68]。

另一方面，接近性（proximity）与体力活动的关系也说明了，作为目的绿色开放空间对于体力活动的影响。接近性对于附近居民是否体力活跃有一定影响，如果控制了人口相关要素，研究结果显示接近性会影响人们日常规律体力活动的频率，也就是说越接近绿色开放空间，人们体力活动水平越可能提高[115]。接近绿色开放空间也能提高人对于自身体力活跃的意识，并且增加其绿色出行的可能。根据丹麦的一项研究，住在绿色开放空间附近的老人比附近没有绿色开放空间的老人用于散步和步行的时间多出24%[116]。然而不是所有绿色开放空间都会促进人们出行，缺少维护或者可达性差的目的地并不会增加人们出行的概率。

2. 体力活动的路径

绿色开放空间作为路径可以鼓励交通型体力活动，某些线性绿色开放空间如绿道、带状公园，可以作为连接不同目的地的路径。这种路径将会鼓励走路、骑车、跑步等慢行交通，从而提升体力活动水平。美国有很多城市绿道将社区、学校、超市等连接起来，这些绿道一般为混合式绿道，自行车和行人可以通行，白天绿道附近的学生一般会选择骑车或者走路上学，而主妇们也会利用绿道骑车去超市或咖啡厅。在美国西雅图一项研究表明，沿绿道1km附近的居民，其通过步行、骑车到达目的地的比率相比其他周边没有绿道覆盖的居民要高24%。如果可能的话，人们乐意将绿道作为一种通勤的路径，因为绿道一般会有更好的视野、清新的空气和较少的拥挤，前提是这种通勤距离应控制在一定范围之内[117]，同时考虑到绿道往往连接不同的公园，因此一些休闲型体力活动也会伴随着发生。

绿色线性开放空间可以增加体力活动的规律性和持续性。某些绿道连接了办公室、学校等工作功能性目的地，其发生的交通型体力活动多为通勤活动，具有一定强制性，因而更加有规律和持续。某些绿道连接了其他商店、诊所、邮局等生活功能性目的地并且会促进部分人通过绿道来到达这部分功能，这些功能的进行本身具有可持续性，因而也会促进体力活动的可持续性。

绿色线性开放空间可以通过将分散的、片段化的绿色开放空间联系在一起，组成绿色开放空间网络，从而提高附近居住者的体力活动水平。绿道作为一种绿色走廊，通过联系其他公园、花园、绿地，可以提高这些绿色开放空间的可达性，从而增加人们进行休闲型体力活动的机会。绿道可以结合人行道、景观带等城市线性元素，在不占用其他城市空间的同时，增加绿色开放空间的数量与尺度，增加市民体力活动的机会。

3. 体力活动的场所

绿色开放空间可以作为支持体力活动发生的物理场所。这包含了两层含义，第一层是环境条件的支持，第二层是认知条件的支持。

环境条件支持是指绿色开放空间能够支持体力活动的物质构成要素及其特征。其中，环境要素包括设施、路径和区域。物理特征包括位置、场地大小、设计特征等。物理条件支持可以影响到体力活动发生的种类、强度及频率。一般来说位于高密度地区、具有一定尺寸、设施与植被丰富的绿色开放空间，可以有效地提升体力活动。

认知条件支持是指人们通过直接接触能够感觉到其对于体力活动支持的一种主观印象，它决定了绿色开放空间对于人体力活动的吸引力有多大。人对于认知支持的感知是通过空间属性的可视性来实现的。空间可视性是指人们对于空间属性特征的识别能力，其能力越强，人们进行体力活动的动机越大。空间可视性除了受绿色开放空间的物理条件影响，也受到其他社会文化条件的影响，如所在地周边社区条件、空间的安全性、使用人群的特征等。

绿色开放空间主要支持的行为设定包括以下几类：休闲娱乐类行为、交通类行为、社会类行为。前两者对应的是休闲型与交通型体力活动，这里不赘述。社会类行为是指与人们之间社会交往相关的行为，如交谈、聚会等，这类行为不归于某类体力活动之中，但是却可以有效引发其他类型的体力活动。研究表明，结伴是促进人们采用积极交通及坚持锻炼的主要动力之一，而结伴的起因之一来源于社会行为的发生。某些社会类行为通过分享共同社会价值观也会积极地促进相关体力活动的发生，如社区花园（community garden）活动与绿色体育馆（green gym）活动。

3.4.4 支持社会交往

1. 社会资本的形成

绿色开放空间的开放性使其成为人们非正式社会交往的一个重要场所，社会资本在社会交往中产生，并且对于参与的个体产生积极的健康效用。

社会资本（Soical Capital）是社会关系的总和及其组成的标准，由社会资本的数量和质量所决定。较低的社会资本与心理精神疾病关系紧密[118]，提高社会资本会增加个体之间的信任、理解及支持，从而减少心理疾病的风险及加快生理疾病的康复。有研究表明，良好的社会资本会让老人减弱孤独感，从而减少心理疾病及阿尔茨海默症发病率。因此，在美国的养老社区规划设计指导建议中，明确地提出了增加可以促进社会交往的花园和绿地对于老人身心健康的重要性。

绿色开放空间的某些属性，如步道的设计、休息空间、座椅、健康设施，可以提高人们的使用率，增加人们直接接触交流的机会，从而建立社会资本，这对于长期压力较大的人群更为有效。相比于其他类型公共开放空间，绿色开放空间建立社会资本的成本更低，同时有更强的适应性。绿色的设定可以增强社会网络，减少个人的孤独感，有研究发现，植被与草地和非正式的社会交流有着积极的联系[119]。

绿色开放空间可以通过提供反复的社会接触的机会来加强社会资本。某些公园及花园可以成为当地社区的一个视觉焦点或地标，通过提供一个有纪念意义的场所，促进人们有规律地重复社会接触活动，这对于一个社会关系的形成具有重要意义，空间本身成为这个社会关系的一部分，社会资本可以基于这个空间载体不断重复。

2. 社区凝聚力增强

社区凝聚力是指群体中所共同拥有的价值观、准则、积极友好的关系以及被接纳的归属感。绿色开放空间作为一个生态性和开放性的活动场所可以促进社区凝聚力的形成，积极地参与绿色开放空间的活动对于培养和提升社区凝聚力有着非常重要的影响。社区凝聚力对于社区居民的生理和精神健康有着重要影响，研究发现，社区凝聚力的增加能够促进对于安全、舒适度和自信的感知，从而激发在绿色开放空间的积极活动水平，提升居民的公共健康水平。在英国，社区花园成为老年人社区的一个重要组成部分，通过固定社区花园维护项目，社区的个体增强了认同感和归属感，减少了孤立感。研究发现，老年人的寿命与参加社区花园劳动有着一定的正相关。

3.5 绿色开放空间影响使用者健康的途径

绿色开放空间组成的要素及其组成方式的多样性决定了其对于人健康的影响具有相当的复杂性。一方面，可以被动地通过接触自然要素而获得身心上的放松，人也可以主动参与休闲活动从而获得全面的身心锻炼，因此绿色开放空间与

人的健康之间是一种主动—被动的关系，其动力则是人的主动和自然要素的被动
机制。对于这种关系的梳理有利于从理论上明确绿色开放空间影响健康效用的学
科依据和具体途径，为学科的交叉提供一个清晰的指导。另一方面，从实践来看
该途径可以为绿色开放空间的设计和建设提供依据，使设计师和决策者明确利用
哪些要素、通过哪些方式可以达到怎样的健康效用，这也是循证设计的第一步。

3.5.1 主动—被动途径理论框架

绿色开放空间影响健康的途径由环境组成、影响方式、健康效应三部分组成
（图3-5），它以绿色开放空间的自然和场所要素为基础，通过生态康复作用、恢
复性环境作用、体力活动和社会交往的支持，实现了短期应激和长期恢复的健康
效用。这体现了绿色开放空间开放性与自然性的统一。

从健康的角度出发，绿色开放空间的环境组成包括自然要素和场所要素两个
部分，这两个部分是绿色开放空间健康效用提升的载体和媒介。设计通过自然要
素和场所要素的组合产生不同类型的绿色开放空间，其组合的复杂性决定了对于
健康影响的复杂性。

自然要素和场所要素反映了绿色开放空间自然性和开放性这两个基本属性，
它们是绿色开放空间产生健康效用的基础，并且区别于其他类型空间。根据
Ulrich的支持性设计理论，绿色开放空间的自然性一旦和人的需求相适应，便可起
到对人体的恢复作用，如降低压力、改善情绪。Marcus的治疗花园理论进一步认
为，开放的绿色空间可以鼓励人们积极地进行体力活动，从而增加人对身体的控
制感。因此，绿色开放空间可以通过被动接触和主动参与两个途径来影响健康。

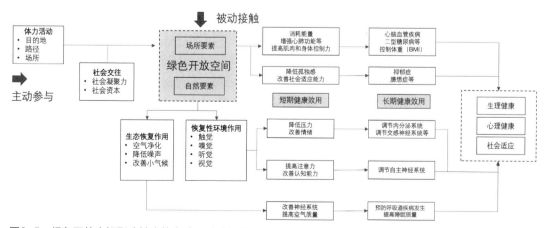

图3-5 绿色开放空间影响健康的主动—被动框架

3.5.2 被动接触

被动接触途径是绿色开放空间以自然要素为基础，通过人被动地接触植被、感知水体和地形、体验适宜的微气候来产生恢复体验。它一方面基于绿色开放空间的自然性，即人是生态圈的一部分，生态健康与人健康具有统一性；另一方面基于人的亲自然性，即人类与自然长期相伴，因此接触自然或与自然环境近似的抽象形态也能唤起人的亲自然性，激发出人在自然中获得恢复力的本能。

被动接触途径产生恢复体验包含了生态康复作用和恢复性环境作用两种方式。生态康复作用基于物理自然要素的生态作用，可以对于人的身心产生直接的健康影响，如空气的净化、噪声的隔绝以及微气候的调节等，这种对健康的影响方式与其说是健康促进，不如说是阻隔危害，它所针对的方面体现在消除人工环境对于健康的不利影响。恢复性环境作用，基于人的亲自然性，通过对优美自然景观的视觉和知觉接触，刺激人的神经和内分泌系统，可以产生情绪恢复、压力缓解和注意力改善的自然恢复性作用，最终起到改善认知能力和免疫系统的作用。根据压力恢复理论（SRT）和注意力恢复理论（ART），这种接触可以是视觉上的接触，甚至是通过风景图片的观赏所得到的，恢复作用的过程也是一种无意识的本能应激反应，受到个体的景观偏好、文化背景、教育水平的多重影响，导致个体与个体的恢复程度差异较大。

被动接触途径体现了人体与自然的内在统一性，人类具有从属于自然系统和自然过程的天性，可以从接触自然中获得身体康复、精神恢复等能力。被动接触途径的源泉可以理解为是人类长期进化的结果，根植于我们的基因中。人类自诞生以来的三百万年基本生活在森林、草原等绿色环境中，直到五六千年前进入文明史阶段才逐步走出自然，从事农耕、建立城市，直至进入工业社会。从时间跨度看，人类在人工环境中生活只属于短暂一瞬，自然在人体的健康中仍然处于很重要的地位，并且这种地位在人工环境密度越大的地方体现得越强烈。

3.5.3 主动参与

主动参与途径是指绿色开放空间以场所要素为基础，通过人主动的活动和社交参与来形成积极的生活方式，从而产生对于整体身心健康较为长远的影响。相比于被动接触途径，主动参与途径所产生的健康效用更具有稳定性和长期性。

主动参与途径通过促进体力活动和社会交往两个方式产生了长期的健康效

用。绿色开放空间可以促进人的体力活动水平，在大部分建成区域，绿色开放空间是市民进行户外休闲活动的主要场所。它通过其设施、路径和区域的组合而产生多样的活动场所，成为体力活动的目的地、路径和场所。它通过影响体力活动的频率、类型和长度，可以影响使用者能量的消耗、心肺能力的锻炼以及肌体力量的增强，从而产生对于肥胖和慢性疾病的预防，体力活动既可以作为一种联系健康与环境的桥梁，也可以被认为是健康效果本身，这种双重属性使得体力活动成为目前健康环境与健康的交叉研究热点。

主动参与途径体现了自然环境激发人主动进行健康行为的特质，人受到这种特质的激发可以产生健康倾向的行为冲动，研究显示有着绿化和开放空间的社区，其居民进行步行活动健身的比例更高[120]。这种特征同样来源于根植人类基因的自然性，然而与被动接触途径不同的是，主动参与是一种有意识非自发的健康效用产生过程，这是一种能动的通过自我休闲获得健康效用的过程，这一过程融合了个体的判断和行为特征，增加了人对于身体的控制力，从而容易塑造人的健康生活方式，产生的健康效用更加具有长期可持续性。这是一种建立在被动接触基础上的更高层级的主动健康效用，Bauer认为首先是自然要素缓解了使用者的压力，然后空间场所又鼓励着人进行进一步的活动[121]。

主动参与途径体现了环境—行为—健康这一社会生态的健康观念，它强调了绿色开放空间中点、线、面要素的组合对于健康产生的空间影响，它突破了以往研究强调自然要素的生态性和恢复性的健康影响。从设计角度来看，它对绿色开放空间与健康的研究视角不仅局限于风景园林（如植被的搭配）和绿化的提高，而是将研究扩展到了行为空间设计方面。另一方面，主动参与途径与被动接触途径并不是完全分开的，它也会获得被动接触所带来的额外健康效用，实证表明，在公园绿地中的锻炼会比室内健身房中的锻炼带来更好的压力缓解、情绪提高等效用，并且有着更高的平均锻炼时间。

绿色开放空间的两个途径分别从两个不同的维度反映绿色开放空间如何产生健康效用，两个不同的维度有着各自的理论基础和物质组成，基于不同的理论和物质组成，从而带来了不同特征。主动参与途径基于休闲治疗理论、功用性理论和瞭望庇护理论，它产生健康效用的载体主要是组成场所的设施、路径和区域，因此体现出了强烈的空间性和场所性。被动接触途径基于压力痊愈理论、注意力恢复理论和亲自然性理论，它产生健康效用的载体主要是组成自然的植被、水体和地形，因此体现了强烈的生态性和自然性。另一方面，两种途径所包含方式的差异性，也反映了两者的区别。

—————————— **本章小结** ——————————

本章讨论了绿色开放空间的健康效用、与健康关系的演进、环境组成和影响方式，提出了其影响健康的途径，为进一步分析设计与健康的关系提供依据。

绿色开放空间作为一种介于人工和自然之间的城市空间类型，除了其生态改善、景观美化、休憩娱乐、防灾避险、文化传承的作用外，也是一种城市健康资源，体现了人的健康和生态健康的统一。

从时间维度来看，绿色开放空间与健康是一种相互演进的关系。从历史角度可分为朴素时期、宗教时期、工业化时期和生物医学时期，这期间绿色开放空间的人工化程度逐渐提高，对健康的影响从意识层面向物质层面演进，并呈现了精神健康—心理健康—生理健康—社会适应的演变特征。

绿色开放空间影响健康的方式包括四种：①植被绿化的生态康复作用。即绿色开放空间可以通过自然要素的净化空气、降低噪声、改善城市热岛效应等生态功能来降低人工环境带来的消极健康影响。②自然景观的恢复性作用。视觉接触自然景观可以唤醒使用者的"亲自然性"，并且进一步刺激交感神经和内分泌系统，带来相应的健康益处。③体力活动的支持。绿色开放空间作为体力活动的目的地、路径和场所，可以影响其频率、类型和时间，从而影响人的身体机能。④社会交往的支持。绿色开放空间作为户外社会交往场所，会影响人的社会适应能力和社会资本，进而会影响其健康和生活质量。

基于以上研究，从影响的动力机制来看，绿色开放空间影响健康的途径包括：①被动接触。该途径以自然要素为基础，通过物理或者视觉接触绿色开放空间，可以产生情绪改善、压力缓解和认知能力提高等健康效用。该途径体现了绿色开放空间的自然属性，反映了人体与自然的内在统一性，是绿色开放空间产生健康影响的基础途径。②主动参与。该途径以场所要素为基础，通过参与绿色开放空间中的休闲活动来产生控制体重、预防慢性疾病、降低孤独症等健康效用。该途径体现了绿色开放空间的开放属性，反映了其环境—行为—健康的主动关系，是其产生健康影响的高级途径。

第 4 章

绿色开放空间
影响使用者健康的
设计要素

绿色开放空间中人的健康受到了多种层面要素的影响，从自然组成要素来看它包括微气候和植被要素，从空间场所要素来看它包括道路、活动场地、设施要素，从个体来看它包括个体认知特征和社会文化特征要素。这些要素相互交织，根据一定的规律共同产生了对于健康的影响，设计就是根据规律对多种要素进行组织的手段之一，设计要素则是这种操作手段的内在属性。对于影响健康的设计要素的梳理有助于深层次理解设计与健康的相互关系，并为健康设计实践提供理论和后期分析的依据。本章结合相关理论和实证，首先明确了筛选设计要素的角度——体力活动，其次从空间、场所、感知层面选择了六个典型的设计要素，分析了这些要素如何通过体力活动来影响健康，为设计要素与健康之间建立了纽带，最后提出这些设计要素的具体组成和指标。

4.1 体力活动导向的设计

目前对于绿色开放空间设计与健康的研究多集中于风景园林学科，其研究的重点在于如何通过景观设计来满足不同人群的视觉偏好而产生更好的恢复性环境作用。这种方式主要以Kaplan的注意力恢复理论（ART）和Ulrich的压力恢复理论（SRT）为基础，侧重于探讨绿色开放空间设计产生的恢复注意力、缓解压力和减少抑郁等健康益处。但是Kaplan自己也承认这种被动接触的恢复体验是低能级的，高能级的恢复体验一定是主动参与。体力活动作为主动参与的一种方式，如上文所述，可以作为连接绿色开放空间设计与健康的一个纽带，利用设计干预体力活动而促进健康具有效果长久并且惠及人群广泛的优势（图4-1）。目前从体力活动角度出发来探讨绿色开放空间设计与健康，发现对于肥胖相关慢性疾病的研究较少。因此，本书选择从体力活动的视角来鉴别和归纳绿色开放空间设计中影响体力活动的要素，为健康的干预性研究和设计提供依据。

设计可以影响使用者在绿色开放空间中的行为方式，进而影响其体力活动水平。设计要素的维度和人的行为方式有着多样性，这决定了设计要素对于体力活动影响的复杂性（图4-2）。虽然有大量的研究在寻找哪些设计要素对于体力活动影响更大，但是并没有统一的结论。可达性是研究中经常提到的影响体力活动的设计要素，它包括了与周边城市环境的可达性和其内部的可达性，同等条件下可达性好的公园绿地相比可达性差的公园可以带来将近两倍的使用量，并且其使用者比对照组使用者达到推荐体力活动量的数量高三倍[122]。另一项研究则发

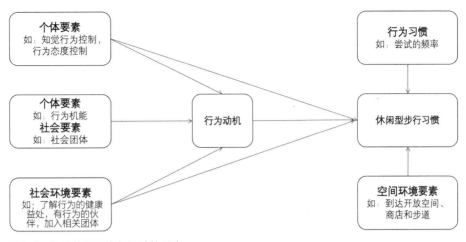

图4-1　影响休闲型步行活动的要素

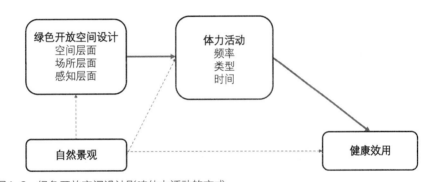

图4-2　绿色开放空间设计影响体力活动的方式

现，公园的尺度和特征比可达性更加能够影响使用者的体力活动水平，公园的尺度越大，则越能增加人的使用。但是也有研究表明，公园尺度与体力活动水平并没有明显的关系[123]。

　　绿色开放空间设计可以通过影响使用者的行为，进而产生不同程度的健康效益。体力活动是行为的健康维度的具体表达，将其作为设计与健康的纽带有如下优势。

　　（1）体力活动可较为全面地反映绿色开放空间的健康益处

　　相比传统风景园林从视觉偏好来研究绿色开放空间设计的康复作用，以绿色环境为背景的体力活动可以在被动接触的途径上带来更多综合健康益处。研究证明，在绿色开放空间中运动相比于在室内空间中运动，除了可以带来心肺功能提高、降低肥胖率等生理健康益处，更带来改善情绪、提高反应能力的心理健康益处，有机构将绿色开放空间中的运动专门称为绿色锻炼，对于辅助治疗部分慢性疾病有显著效果，也将其称为游憩疗法[124]。

（2）休闲型体力活动对于健康影响比重增加

随着生活方式的日益静态化，休闲型体力活动在日常体力活动总量中比重增加，它可以极大地影响人是否满足必需的每日体力活动量。绿色开放空间与休闲型体力活动水平关系紧密，它可以促进人们改变静憩的生活方式以减少肥胖、心脑血管，甚至某些癌症的风险。另外，进行休闲型体力活动时，在获得生理健康益处的同时，也可以获得改善情绪、缓解压力等心理健康益处。

（3）体力活动是更高一个层次的恢复性体验

在绿色开放空间中进行体力活动也是一种积极的与自然接触的过程，在活动的同时也会获得自然恢复的健康益处，这也解释了为什么进行绿色锻炼可以带来比室内锻炼更好的缓解压力、改善情绪的作用。

Kaplan则直接指出绿色空间的恢复作用有着层次和程度之分，低层次的恢复作用是被动的，如观看风景和聆听风声，但是高层次的恢复体验一定是主动的，如积极地锻炼和运动，并且绿色开放空间的恢复性作用与参与的程度也有正相关，随着主动参与程度的增加，其恢复的效果也会提高。

（4）体力活动与绿色开放空间设计联系紧密

根据环境—行为—健康的相关研究，体力活动作为行为的健康具体表现，受到环境空间的形态、尺度、布局等规划设计要素的影响，体力活动的种类、强度、频率等属性与行为模式密切相关（图4-3），通过规划设计可以直接影响使用者行为模式，进而影响体力活动状态。

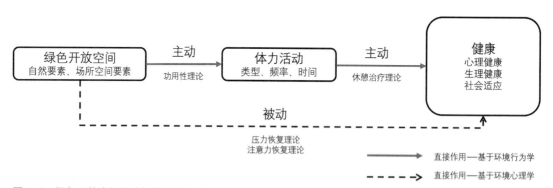

图4-3　绿色开放空间设计与健康的主动与被动研究途径比较

4.1.1　理论基础

根据之前的研究，体力活动可以作为联系设计与健康的纽带，虽然不是所有的体力活动都可以带来显著的健康效用，但大量的实证表明了积极体力活动对于

身心健康的益处，因此本书从体力活动角度来选取影响健康的设计要素。该角度
属于设计要素系统下的促进行为修正子系统，是一种通过空间布置和环境设计来
实现对于人健康行为影响的设计要素分类系统。它表明了绿色开放空间设计的健
康效用，是通过不同设计要素相互叠加、综合实现的，这些要素共同界定了一个
动态复合的空间设计结果。

根据体力活动的社会—生态模型（Social-ecologic Model）[125]，体力活动的
影响主要包括两个层面的要素：个体要素、社会环境要素（图4-4）。目前对于
物理环境和体力活动的理论基础主要建立在人—环境两个不同的角度，第一个强
调环境力量对于人体力活动的影响（行为主义理论），第二个则强调人作为代理
人构建自己对物理环境的认识和符号转化（控制理论），两种角度都承认了社会
环境层面要素对于体力活动的作用。

从纵向上来看，Lawrence Green提出高适应性的Precede-Proceed模型，将空
间环境对于体力活动的影响分为了三个层次：倾向要素、促成要素和强化要素。
其中，倾向要素是指体力活动的干预理由，是体力活动的动机和诱因；促成要素
是指允许体力活动得以实现的资源和可及性；强化要素是指体力活动过程中得到
和加强该活动的因素[126]。

从横向上看，Cervero和Kockelman 1997年提出了度量建成环境的"3Ds"因
素，即密度（Densiy）、多样性（Diversity）、设计（Design），之后又将可达性
（Destination Accessibility）、交通换乘距离（Distance to Transit）加入其中。这些

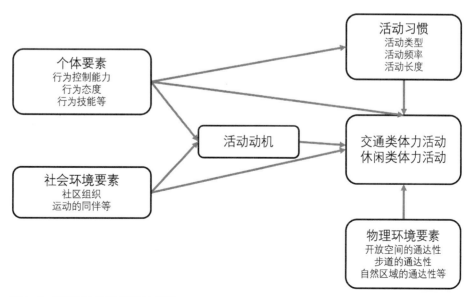

图4-4 影响体力活动的设计要素

要素之间也伴有一定重叠和相关性，如高密度地区一般会伴随着公交换乘距离的下降和目的地的临近。这些因素与使用者体力活动类型和水平有着密切联系，其中建成环境密度与交通型体力活动有着密切联系，但是与休闲型体力活动关系并不显著；土地的功能多样性可以提高空间功能的兼容，增加人们的体力活动水平；可达性对于交通和休闲型体力活动都有所影响；设计作为一种微观环境的考量，对于增加休闲型体力活动水平有着重要影响。从这些因素中寻找影响体力活动的空间因子是建立健康与绿色开放空间联系的关键。

Pikora在社会—生态模型的基础上，从功能性、安全性、审美性和目的地可达性这四个层面上，利用定性和定量结合的方式建立了体力活动环境影响要素指标框架[127]。Cervero和Kockelman则进一步将影响体力活动的建成环境要素归结为三个"D"开头的变量：密度（Density）、多样性（Diversity）、设计（Design），其后又将目的地可达性（Destination Accessibility）和换乘点距离（Distance to Transit）列入"3Ds"模型中，发展为"5Ds"理论[128]，它是目前分析体力活动与建成环境要素应用最为广泛的理论。

这些理论主要从土地利用、道路交通和开放空间三个方面进行分析，认为目的地可达性、路网形态、土地混合度等要素可以影响市民体力活动水平，但重点关注的是换乘、步行和骑行这些交通型体力活动，这些类型的体力活动较为规律并且稳定，因此更加容易判断总体力活动量。部分研究也讨论了环境对于休闲型体力活动（跑步、徒步、健身、园艺活动等）的影响，其中最常见的环境载体就是公园、绿地等绿色开放空间。

绿色开放空间与体力活动有着复杂的作用机制，绿色开放空间可以通过改善小气候、提供运动休憩设施和绿化场地等影响市民体力活动，这些作用机制是通过相应的要素实现的。宏观上来看，Cohen等认为绿色开放空间的空间位置、绿化密度、尺度、形状等要素可以影响体力活动水平；微观上来看，绿色开放空间细节要素如休闲设施布置、绿地率、植株景观布置等，对于体力活动有着影响。虽然构成绿色开放空间体力活动影响机制的要素多种多样，但是目前的研究多集中于一个或者几个要素，缺少对于多种要素的系统总结。原因在于：第一，对于体力活动的研究主要围绕个体要素展开，缺少对于绿色开放空间要素的整体分析。第二，大部分体力活动要素研究集中于公共卫生、医学等学科，缺少针对规划设计的相关研究。据此，本书根据其他学科的实证研究，系统地分析绿色开放空间中影响体力活动的要素，重点关注与规划设计相关的要素，为健康导向的绿色开放空间实践和研究提供依据。

4.1.2 设计要素的分类和特点

1. 设计要素的分类

绿色开放空间设计要素从不同的维度有着不同的分类。从地理空间角度来区分，可以将其分为四个区域：活动区域、支持区域、总体场域和周边环境。活动区域是指为了支持某类活动而专门设计的区域，如运动场地、网球场、路径、游戏场地和绿色开放空间。支持区域包括保证使用者更加舒适和安全地进行体力活动的设施，如服务中心、亭子、洗手间等。总体场域是指对于整个绿色开放空间的设计基调[129]，它包括尺度、美观、多样性、吸引力等，这些场域并不限制于某一区域，因此会给使用者带来绿色开放空间的一个整体印象。周边环境包括周边社区的可达性、美观性和安全性等。所有这些要素都可以影响使用者的体力活动。地理空间的角度实质上是功能区分和行为的对应关系，也就是哪些区域适合于哪些活动，并不能全面地反映设计要素对体力活动的影响。从设计本身的角度出发，绿色开放空间设计要素可以归纳为六类，它们包括可达性、美观性、安全性、空间特征、维护条件和运营管理。可达性包括绿色开放空间是可达的，其内部的场地也是可达的。美观性包括了空间和要素形态、布局、景观吸引力等。安全性是指使用者在场地内部的安全感，它包括主观和客观两部分。空间特征是指影响其空间布局和结构特点的组成要素，包括园路布局、广场、活动设施、景观建筑、植被和水体等元素的组合和配置。这些要素在绿色开放空间中的组合和配置，形成了其空间特征。维护条件是指通过设计使得场地易于维护，整洁且设施可以运行。运营管理包括了绿色开放空间内部项目是如何组织和展开的。该维度的要素比地理空间维度的要素更加全面，并且方便研究者测量设计是如何影响体力活动的。Mccormack通过定量的研究也发现类似的对于体力活动有着明显影响的设计要素，如特征、可达性、安全性和美观性[130]。综上可以发现，目前已有的设计要素分类多从某个学科角度来阐述，并没有具体的层次分级，是针对可操作性产生的分类，但是毫无疑问这种分类可以更加系统地理解设计是如何影响人的活动的。因此，针对该问题和建筑设计的可操作性原则，本书将绿色开放空间影响健康的设计要素分成基本设计要素和复合设计要素。

（1）基本设计要素

包括绿地、铺装、设施等。它可以具体地反映设计如何通过利用已有的物质条件改造、创造出新的空间状态来影响健康，它的特点是直接、具体并且容易衡量，但是难以完整地体现设计的本质。

（2）复合设计要素

它是指可以影响健康的抽象设计组成，是建立在基本设计要素之上的，反映了设计如何组合、更改、诠释绿色开放空间物质组成的背后规律。它不同于具体的环境要素组成如水、草地、步道等，这是一种更加抽象的设计组成，用来反映设计影响健康的本质过程，是对于设计更深层次的一种体现。其特点是可以完整和系统地体现设计本质，但是其评价和衡量过程较为复杂。

2. 设计要素的特点

（1）不同设计要素对于不同类型的体力活动有程度不同的效果。如对于步行活动，环境的美观及步行道设置有显著的影响；然而对于骑行活动，这两个要素并没有明显的影响。具体而言，即使同样是步行体力活动，其性质不同也会与不同的空间因子相关联。对于锻炼型步行活动，环境的美观为最主要的影响因子；而对于交通型步行活动，公交车站可达性是主要的影响因子。

（2）设计要素对于体力活动的影响有着一定范围限制。它与体力活动并不是线性的关系，如接近性是绿色开放空间影响体力活动的主要原因，但是研究发现没有绿色开放空间在超过距社区800m范围之后还对体力活动有着显著影响。

这种空间限制也与活动类型有关，在社区300m范围内的公园的分布与步行和骑行体力活动有着明显的联系，但是与打球、健身等锻炼活动联系较弱。在这一范围内，运动场地（足球场）的分布则正好相反，它与步行或者骑行体力活动关联很弱，但是与锻炼活动关系很强。

4.2 基本设计要素

4.2.1 分析方法

1. 实地调查

绿色开放空间建设的主要目的之一，就是为市民提供各种类型户外活动相应的场所，它自身为市民福祉所设立的属性决定了其开放性和公平性，因此本节确定的研究对象是可免费供市民进入的开放空间，其主要提供的功能包括休闲、娱乐、健身。通过谷歌地图和实地调查的结果发现，苏州市对于市民免费开放的绿色开放空间共有42处，覆盖了苏州市新旧主城区，并且围绕着水体景观展开。在空间方位上，有位于低层高密度老城区的，如桂花公园、干将桥滨水绿地；也有位于高层低密度工业园区的，如水巷邻里大型绿地、红枫林公园等。在功能类型上，有服务于当地社区的街区公园，如金姬墩公园；有面向城市开放的综合公园，如红枫林公园和城市地标湖滨公园。

由于调研的目的是获得绿色开放空间影响健康的相关要素，绿色开放空间是否可以影响健康首先是该处人活动的数量和持续的时间，因此首先排除很少被人们访问的空间，基于实地调查结果共排除14个公园绿地。其次，在实地调查时发现部分公园可以进行活动的场地很少，因此又排除了18个公园绿地，对于余下沿着环古城河景观带和金鸡湖景观带的10个绿色开放空间进行集中调研。

2. 认知地图法和访谈法

认知地图法是了解人们如何把握空间要素的一个直观方法，访谈法则是通过直接访问的方式掌握人们对事物的偏好和看法的方法，两者同时进行，目的是了解使用者经常光顾的活动空间和其包含的基本设计要素。在对10处绿色开放空间进行分区调研时发现，绿色开放空间中影响健康的活动空间可以分为8类：广场类、树林类、步道类、儿童嬉戏类、运动场地类、健身设施类、滨水休闲类、特色景观体验类。

本节以桂花公园为例来介绍该调研过程。首先，访员向受访者介绍本次调研的目的和方法；其次，受访者在已有的平面图上标记出自己经常使用的空间，并写下自己感兴趣的环境组成要素，或者利用口述的方式告知访员其经常访问的空间和偏好的景观要素，由访员记录并落实到图纸上（图4-5）。这种一对一的调研方式可以保证受访者真正理解到调研意图，又能确保调研结果的可靠性。但缺

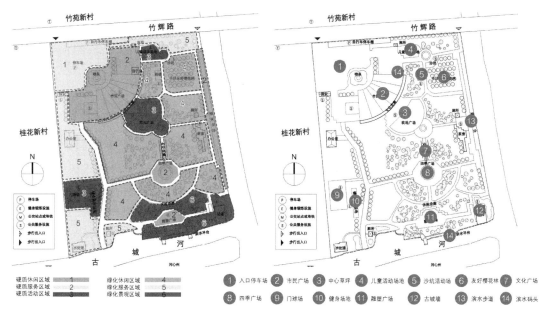

图4-5 桂花公园功能和节点分析

点是比较耗时，因此只选择了15位受访者做一对一访谈。根据对访谈者选择的经常使用的空间进行统计，发现选择音乐广场的人数比例最高，其次是环古城河健身步道和古城墙遗迹旁边的健身场地，受访者描述这些空间的共同环境特征包括：充足的日照、适宜的风速、充足的座椅和硬质铺装。

通过实地调查、认知地图和现场访谈方法对绿色开放空间进行分析发现，大众相对喜欢访问三类活动空间，分别为广场空间、运动健身场地和健身步道。林荫区在夏天较为受欢迎，但是冬天使用率很低。基于对上述活动空间环境组成要素的分析，发现人们更多地关注于小气候、植物种类等24项基本设计要素。

3. 聚焦对象法

聚焦对象法是对于已经收集的数据进行优选的方法，研究人员根据研究内容，确定聚焦对象，选择合适的人组成若干个讨论小组，针对相应的数据和图片成果进行互动式讨论，进而筛选出最适宜的数据。该方法最重要的是成员间的讨论，该方法的优点是可以了解人们对于某一问题和对象的真实看法以及这种看法背后的真实原因。在群体动力的前提下，调查分析人们的态度、观点、动机、关注点和趋势。该方法可以根据样本信息推断总体特征，其结果可以作为调查问卷的基础。对桂花公园的研究中，共有5个聚焦对象小组，每个小组包括1个主持人和4个讨论者，每个小组的议题为"在绿色开放空间中，哪些设计要素对于使用者的健康产生了影响"。每个小组尽可能地由社会背景相似，但是年龄、职业有一定差别的人组成，以保证小组样本的全面性。在小组讨论过程中，主持人首先介绍了讨论的目的和内容，并根据绘制的平面图、照片和视频来讨论24项设计要素，并采用李克特分值（1-5）打分（图4-6），主持人应该尽可能地促进受访者

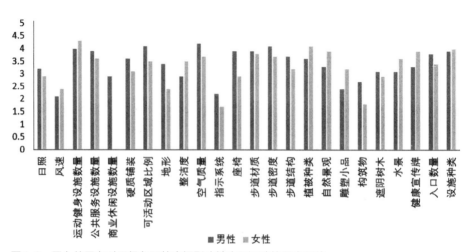

图4-6　男女使用者对于绿色开放空间影响健康和活动的要素评价

对于议题作出最大的反应，表达受访者对于这些基本设计要素的具体想法和情感，并结合以往的经验解释其认知与评价，最后筛选出典型的基本设计要素。

将讨论内容进行分析，并结合大多数人对于景观偏好、健康偏好和活动偏好的反馈，通过聚焦对象方法将原先的24项基本设计要素缩减至9项，分别为运动健身设施数量、公共服务设施数量、设施种类、步道长度、步道类型、步道材质、可活动区域比例、景观区域比例、入口数量。

4.2.2 分析结果

（1）年龄与性别。在调研的319名市民中，女性使用者要高于男性，男性占比44.3%，女性占比55.7%；而且进行活动的市民大多数集中在33～70岁，占到所有调查人群的80%以上；18～30岁的人数最少，仅仅占到4%；比例最大的为60～69岁人群，占到31%。原因在于该年龄段人群已经退休，有着更加充足的时间，并且更加健康，他们不仅喜欢到公园绿地锻炼身体，也愿意帮助照看孙辈。

（2）出行方式。根据问卷结果，步行到绿色开放空间的人数占绝对多数，绝大多数都选择离小区不超过500m的，这是由于到公共开放空间使用者的主体是60岁以上的老年人，不便到较远的空间。

（3）活动时间。根据人们每次停留的时间长短，将每次访问时间分为不大于0.5小时，0.5～1.0小时，1.0～2.0小时，2.0～3.0小时和3.0小时以上。根据调研结果可以发现，活动时间在2.0（54.21%）～3.0（31.31%）小时的人数最多。春秋气爽，使用者可以在外面进行长时间的活动；此外，常年坚持户外活动的人群其锻炼时间多在2小时以上。因此，这两项人最多。

（4）访问原因。根据绿色开放空间特点结合实际访谈情况，可将访问原因分成微气候原因、空间品质原因、景观设施原因和文化原因。根据调研结果可知，区位原因最为重要，这是由于适用人群的年龄差异。访谈发现访问这些公园绿地的大部分为退休老人，他们一般会选择带着孙辈一起到公园绿地中活动，这些人群往往体力有限，所以一般首选靠近小区的公园绿地。另外，由于老人和儿童平衡感比较差，对于空间地面的安全性和尺度适宜性这些空间品质要求较高，他们更加喜欢到地面变化小、铺装材质防滑的地区，并且喜欢可以满足多种类型活动尺度的空间。

4.2.3 基本设计要素的筛选

从定性定量的角度确定绿色开放空间影响健康的基本设计要素指标，分别为点性、线性和面性基本设计要素。从定性角度来看，该三项指标构成绿色开放空间的空间格局，它可以理解为一个由点线面要素组成的空间网络。

（1）点性基本设计要素属于构成绿色开放空间的点状或者斑块状要素，其中可以影响使用者健康的包括四个要素：运动健身设施数量、公共服务设施数量以及设施种类和入口数量。虽然绿色开放空间中包含的设施类型多样，可以分类为休憩类、娱乐类、运动健身类以及公共服务类，然而它们对于使用者健康活动的支持程度是不同的，也会带来不同的健康效果。根据调研结果，运动健身类和公共服务类要素总体上是可以显著促进使用者的体力活动，进而带来相应的健康效果的，因此设施的种类被纳入到点性基本设计要素指标也是合理的。入口数量影响到使用者是否可以方便到达，合适的入口数量既可以出入方便，让人感到与外界的关联，又能让人感觉到与外界分隔的围合感，故将其纳入到点性基本要素。

（2）线性基本设计要素属于构成绿色开放空间的线状或者带状要素，它包括了步道的结构、步道的长度和步道的材质，它们构成了绿色开放空间的骨架，与其整体功能相关，体现了绿色开放空间自身的结构性特征。在调研的过程中，也注意到线性要素是使用最频繁的部分，也是使用最为动态的部分，它直接影响了以散步、快走、跑步等方式进行的休闲健身活动是否能顺利进行。它是绿色开放空间影响健康的最基础性的部分，因此有必要纳入指标之中。

（3）面性基本设计要素属于构成绿色开放空间的面域状或者大型斑块要素，它填充了线性要素之间的空白，组成了空间的背景和界面，它的比例组合反映了绿色开放空间自身下垫面的关键性特征，它针对绿色开放空间是否满足行走、集体活动和健身活动的需求而提出，可活动区域面积直接影响人们以散步、快走、跑步等方式进行的健身活动是否能顺利进行。因此它的两个要素可以用来反映这种二维的组合如何影响使用者的活动，进而影响到其健康。

4.2.4　基本设计要素的构成

1. 点性基本设计要素

（1）定义

绿色开放空间的点性基本设计要素（简称点性要素）包括供人使用的设施和场地，两者的界限有时候很模糊，使用者往往习惯于围绕或者沿着某些设施和节点来展开各种类型的体力活动，这些点性要素的类型与使用者的体力活动类型有着一定内在的关系。根据功用性理论，点性要素以人体尺度为参照，空间活动面积较小，仅能满足少量使用者活动，且构成要素单一，它们的类型满足使用者活动需求时，体力活动得以展开，从而带来健康益处。寻找哪些类型的点性要素对应着哪些体力活动类型，有助于设计师通过点性要素的布置来提高绿色开放空间的健康作用。

（2）点性基本设计要素的组成

1）设施种类。设施的分类是重点，应根据研究目的不同选择不同的分类方式。Delfien从空间的公共属性出发，将其分为通道、娱乐区、运动场等六个方面；Veitch从设施的特色出发将设施分为10类；Clare将针对儿童的公共设施分为11类，包括娱乐设施、非正式休闲空间、游乐场等；Andrew则根据与人户外活动的关系将设施分为普通设施和便利设施两类，并确定了与人户外活动有关的28类设施。综上所述，本书强调绿色开放空间设施如何影响体力活动进而产生健康效用，根据对于体力活动的影响将其分为休憩设施、娱乐休闲设施、运动健身设施和公共服务设施四类（表4-1）。

绿色开放空间设施分类 表4-1

休憩设施	长椅、座凳、树池、亭榭、廊、花坛
娱乐休闲设施	沙坑、滑梯、旋转木马、观景台、鸟笼架
运动健身设施	健骑机、太空漫步机、单双杠、秋千、手爬梯
公共服务设施	健身告示牌、卫生间、照明设施、垃圾桶、报刊栏、茶室

2）运动健身设施数量。是指供使用者进行不同强度活动而增加体力活动水平的设施，包括器材和小型场地。在实际分析时，可以利用其密度来进行横向比较。

3）公共服务设施。是指支持使用者在绿色开放空间中进行休闲活动的辅助性设施，包括卫生间、饮水点、指示牌和某些小型商业建筑。同运动健身设施一样，它也可以采用密度来进行横向比较。

4）出入口数量。是指使用者可以步行到绿色开放空间中的出入口，它不包括纯机动车出入口和消防出入口，对于某些开敞边界的公园绿地，由于人的惯性，虽然可以通过任意边界进入到空间内部，但是使用者还是会自发寻找和发展出一系列出入口空间。

2. 线性基本设计要素

（1）定义

线性基本设计要素属于构成绿色开放空间的线状或者带状要素，它包括了步道的结构、步道的长度和步道的材质，它们构成了绿色开放空间的骨架。它对于使用者的健康意义重大，原因在于步行是对人体健康最重要的一种中等体力活动，步行也是绿色开放空间中最具普适性的、最容易开展的，同时也是可以每天进行的健康活动。

步道是绿色开放空间的构架系统，承担着引导人流、联系各个功能分区和空间分割的功能，它与自然景观一起构成了绿色开放空间的健康骨架，它不仅是健康活动的承载、获得体力活动机会的通道，也是将空间内各种点性要素联系起来的重要途径，是使用者进行行走和跑步活动的主要场地。对于线性要素的分析包括步道长度、步道结构和步道材质。更加精确的分析指标应为步道密度，即步道总长度/园区面积，步道组织结构可以通过图底转换进一步进行拓扑分析。

（2）线性基本设计要素组成

1）步道长度。步道长度是指绿色开放空间中可以供使用者行走的所有道路的长度，但不包括机动车和使用者自行开出的道路。实际分析中可以采用步道密度，以方便进行不同案例的比较分析。

2）步道结构。步道结构是指步道的组织方式和层级，步道结构对于使用者步行活动影响是基础性的，同时也起到了分割和连接绿色开放空间中不同功能区域的作用，步道结构可以通过对于步道的平面拓扑获得。

3）步道材质。步道材质可以影响使用者步行的舒适度，步道材质的耐久性、防滑性和反光性对于老年使用者有着重要影响，同时步道材质的不同组合也可以提升步行活动的趣味性。

3. 面性基本设计要素

（1）定义

根据行为设定理论（behavior setting），人的行为活动与环境场域是互相依赖的整体，要了解人的行为与环境的关系需要将场域作为研究人日常行为活动的基本单元。面性基本设计要素是支持人体力活动的"空间水平面"，它的测量主要包括种类和面积，其中种类是测量的重点，需要根据不同的研究目的选择不同的分类方式。从开放程度来看，面要素可以分为开敞型面要素和封闭型面要素，视线通透程度很高的面可以增加空间的活力，带给使用者安全感。因此，从健康的角度，面要素可以分为可活动区域和景观区域两种类型。

（2）面性基本设计要素组成

1）可活动区域。是指使用者可以踏足的地方，可以是硬质铺地如广场、平台、步道、建筑等，也可以是软质铺地如草坪、沙滩等，该区域主要通过主动参与途径来实现对于健康的影响。

2）景观区域。主要是指包括灌木、林地、水面等使用者难以踏足的自然景观要素所组成的区域，这部分以绿化景观为主，是绿色开放空间的主要特征和传统意义上可以带来健康的资源。由于国内绿化区域一般是不允许进入嬉戏的，因此该区域主要通过被动接触途径来实现对于健康的影响。

3）灰色区域。绿色开放空间的功能呈现日益复合化特征，与商业、交通等城市功能关系日益紧密。在预调研的时候发现部分使用者会在一些不可进入的区域开辟出自己的活动场地，或者说，这部分是规划设计中没有但是自发形成的，该区域可称为灰色区域，这部分区域面积往往很小。

4.3 复合设计要素

4.3.1 概述

绿色开放空间影响健康的复合设计要素分类和衡量较为复杂，它本身是一种对于基本要素组合的规律性研究，因此无法像基本要素一样通过单一问卷调查来全面呈现。在社会学研究中，对这类复杂的综合要素和指标提取多采用已有文献和研究的萃取方法。在本次研究中，本书主要采用了引证力度分析对于复合要素进行筛选。本书从Web of Science、PubMed、Ovid 三大检索平台两大数据库中采用关键词逻辑组合的方法进行文献搜索，对影响体力活动的绿色开放空间要素相关文献进行整理（表4-2）。由这些文献的引证力度分析发现，大部分影响健康的设计要素集中在土地使用、交通规划和城市设计三个大类，其中土地使用设计要素包括：绿地率、功能混合程度、服务设施多样性和密度等；交通规划设计要素包括：网络拓扑类指标如连接度、可达性等；城市设计要素包括：道路密度、交叉口密度、尽端路比例、街道宽度、步行道宽度等。

文献列表   表4-2

作者	实证数量	影响体力活动的因素	研究特点
Wende, etc.（2006年）	47	美观、设施可达性、设施种类、设施的方便性、步道的设置、绿道的设置、绿道舒适度、公交站点布置、照明设计、交通安全、交通噪声、景观建筑设计、是否滨水、是否有沙滩、是否有山地、空气质量	针对居住区绿色开放空间的规划与设计及居民的体力活动水平
Owen, etc.（2004年）	18	美观、设施的布置、设施的方便性、目的地的布置、周边交通的繁忙程度 对于锻炼性质的步行活动：美观、步行设施（地面铺装、步道的数量）、滨水空间 对于通勤性质的步行活动：美观、地面铺装、公交布置	主要针对步行体力活动，包括休闲型步行和通勤型步行活动，根据步行的性质和目的不同，空间环境影响要素不同

续表

作者	实证数量	影响体力活动的因素	研究特点
Duncan （2005年）	16	娱乐活动设施、地面铺装、目的地布置（服务设施）、周边交通量 休闲运动设施可达性、便利性的提高会带来20%以上的体力活动，铺装的步行道会带来29%以上的体力活动，服务设施（商店、咖啡店）会带来30%以上的体力活动，降低交通流量会带来22%以上的体力活动	该报告将每个体力活动类型分类并对与空间环境要素的关系强弱进行定量分析，对每个空间环境要素的影响大小进行统计学分析，赋予有效区间值
Badland, Schofield （2005年）	25	空间使用年数、步行性、布局混合度、与周边街区的连接性、交叉口数量、步行距离内目的地数量、公交站点分布 对于非机动交通体力活动：与目的地的接近性、可达性	对于非机动交通活动和空间形态进行阐述
Cunningham, Michael （2004年）	27	安全性（犯罪）、步道交通安全性、设施可达性、视景、接近性、周边交通流量 对于老年人着重强调的要素：便利性、可达性和安全性	采用活动需求理论、环境压力及生态—社会模型对于老年人体力活动进行分析
Humpel （2002年）	19	设施可达性、设施的舒适性、山地地形、周边的交通量、周边城市密度、设施数量、美观、步道铺装、步道安全性	分析了客观测量和主观分析方法的两种类型研究
Lee, Moudon （2004年）	20	设施的可达性、接近性、安全性、目的地的布置、目的地的种类、目的地的质量、到水边的距离、周边城市密度、周边环境品质、路径布置、步行性	将研究分为客观测量和自我报告两类，并发展出一个"环境行为模型"用来描述它
McCormack （2004年）	35	步道安全性、美观、空间的洁净度、视景、建筑设计样式、绿化质量、山地地形、周边交通量、目的地可达性、接近性	研究建立了一个由建成环境的功能方面、安全方面、美学方面以及目的构成的理论框架
Saelens （2003年）	4	城市密度、空间布局混合度、步道布置、自行车道布置、地面铺装、停车布置、公交站点布置	关注于空间的步行性与体力活动的关系，将开放空间分为高步行性和低步行性两种；关注于交通型体力活动
Sallis （2004年）	6	城市密度、空间布局混合度、交通设施布置、道路连接性、美观、设施维护	关注于空间的步行性与体力活动及健康
Trost （2002年）	38	运动休闲设施的种类、运动休闲设施的维护、运动休闲设施的可达性、安全性、地形、视景、是否方便观察到其他人运动情况	关注于休闲型体力活动，对城市乡村开放空间类型进行对比
Vojnovic （2006年）	12	接近性的感知、安全感、设施方便性的感知、出行成本预期、开放空间类型、设施的布置、可达性、街道连接性、照明设计、视景、周边城市目的地	关注于人主观的空间感知对体力活动的影响，认为尺度不同空间环境要素的影响不同
Wendel-Vos （2004年）	47	设施的可达性、设施的数量、设施的种类、绿道的连接性	针对18岁以上成人，认为人对于空间要素的感知比客观空间要素测量更加有效地影响体力活动
Davidson, Lawson （2006年）	33	交通基础设施：步行道布置、公共交通布置、交叉口数量、周边交通流量 休闲运动设施：活动场地布置 空间质量：连通性	针对青少年、儿童体力活动与开放空间的研究

续表

作者	实证数量	影响体力活动的因素	研究特点
Andrew, etc.（2006年）	50	开放空间类型、接近性、信息、交通便利性、可达性、安全性、设施种类和数量	着重研究开放空间类型和接近性对于体力活动的影响，并分析了阻碍体力活动的环境因素
Ariane, etc.（2005年）	12	设施的维护、设施可达性、美观、设计元素、照明、周边交通量	研究认为公园影响体力活动的要素主要由六个方面组成，六个方面可以通过四个功能区进而影响体力活动

　　根据分析文献的整理将绿色开放空间的要素分为空间、场所和感知三个层面，其中，空间层面包括可达性和连通性，场所层面包括步行性和功用性，感知层面包括安全性和美观性（表4-3、表4-4）。

绿色开放空间影响使用者的复合设计要素　　　　　　　　　表4-3

层面	要素	指标	内容	主要影响体力活动类型	相关性
空间	可达性	外部目的地可达性	步行距离	步行活动	- - -
			骑行距离	骑行活动	- - -
			距公交换乘站点距离	步行活动	- - -
		内部目的地可达性	区域和设施距主入口的距离	步行活动和骑行活动	- -
			场地的接近程度	散步、慢跑活动	- - -
	连通性	内部路网形态	几何特征	散步、慢跑活动	- -
		路网指标	道路交叉口密度	步行活动和骑行活动	++
			步道密度	散步、慢跑活动	++
场所	步行性	步道环境	洁净程度	散步、慢跑活动	++
			绿化	散步、慢跑活动	++
		步行基础设施	步道铺装	散步、慢跑活动	++
			步道宽度	散步、慢跑活动	++
			与自行车和公交的衔接	步行活动	+++
	功用性	场所设计	休闲活动区域	锻炼健身活动	+++
			景观绿化区域	散步、慢跑	++
		设施布置	健身锻炼设施	锻炼健身活动	+++
			休闲设施	散步、慢跑	+++

续表

层面	要素	指标	内容	主要影响体力活动类型	相关性
感知	安全性	犯罪安全性	安全设施	所有	+++
			照明设计	所有	+++
			视觉监视设计	所有	+++
		环境安全性	交通安全（路口控制、人车分流）	步行活动和骑行活动	+++
			活动安全（扶手、护栏等）	锻炼健身活动	++
	美观性	景观要素	自然景观（所占比例、美观性）	步行活动	++
			人工景观（与自然和谐度）	步行活动	++
		视觉设计	路线控制	步行活动	+++
			视线控制	散步、慢跑	++

引证力度分析的标准　　　　　　　　　　表4-4

依据	符号	意义
0~39%研究存在相关	—	不确定关联
40%~50%研究同向相关，25%以上研究反向相关	—	不确定关联
40%~50%研究同向相关，25%以下研究反向相关	+/-	正/负可能相关
51%~100%研究同向相关，25%以上研究反向相关	+/-	正/负可能相关
51%~100%研究同向相关，25%以下研究反向相关	++/--	正/负相关
51%~100%研究同向相关	+++/---	正/负强相关

注：抽取文献中的要素与体力活动的相关系数，分别分类为正相关、负相关和不相关，为保证提取数据的可比性，研究提取自变量最少时回归的相关系数，抽取其他变量最小时的相关系数。不同研究对于环境细分程度和分组都不一样，对于同一要素不同研究可以提取的相关系数差别很大。为避免该问题，根据Wendel等提出的引证力度分析方法，即相同证据一致性的百分比对其进行评定[131]，以确定该要素与体力活动之间的相关性。

（1）可达性复合设计要素。具体的内容包括：到休闲设施的距离、与居住区的接近度、与公共交通的距离，同时它也包括绿色开放空间内部服务设施和活动场地的可达性。研究发现，绿色开放空间的可达性与交通型体力活动有着明显的相关性，而其内部的可达性与休闲型体力活动的相关性更加明显。

另一方面，山地地形、交通设施不足会增加到达的难度，从而降低其体力活动水平。虽然可达性与体力活动水平呈正相关，但是也有研究表明这种正相关有一定距离的限制，如Owen等通过18项研究发现，当距离超过2英里以上，体力活动与接近度的关系就非常弱了[132]。

（2）连通性复合设计要素。具体的内容包括：周边道路的宽度、与周边道路的交点、街道及其他道路的连通性、内部道路的交叉口密度、内部的尽端路数量、内部路径的布局等。其中,周边道路宽度增加会降低绿色开放空间与周边的连接性,并且有可能带来较大的交通流量,进而减少人们到达和进行体力活动的机会。Lee 及 Moudon[133] 从环境行为学的角度对于公园布局与体力活动研究发现,内部路网的交叉口密度和布局模式(网格、线性、自由、环形)会影响休闲型体力活动水平,环形和高密度交叉口有利于鼓励体力活动。

(3)步行性复合设计要素。具体内容包括步行环境和步行道布置两部分。步行环境包括:步道的舒适度、步道的宽度、步道周边的座椅布置、铺装的舒适度、步道安全等;步行道布置包括:步道密度、步道与机动车道的交叉口。Duncan[134] 对于16项定量研究的总结报告发现,在公园中有铺装的步行道会带来29%以上的体力活动,他利用回归运算推测空间环境要素对于体力活动影响的可信度,结果显示R^2幅度在4%~7%,这与之前研究的空间环境要素对于体力活动贡献率相符[135]。综合而言,该研究认为影响步行的要素是步行基础设施的舒适度。

(4)安全性复合设计要素。具体内容包括:尽端路的数量、照明设施的数量、围墙和涂鸦的数量、主观的安全感、交通量和噪声等。夜间照明不佳的公园会增加人们对于安全的担心而降低体力活动的水平,尽端的道路和涂鸦的围墙也会造成安全隐患。主观安全感与周边环境有着密切关系,有学者[136]在分析已有研究时发现,噪声和繁忙的交通、过宽的马路可能会造成潜在的危险,会降低人的主观安全感。这对于儿童尤其明显,开放空间附近的交通流量与犯罪也会使父母出于安全的考虑而限制其体力活动范围[137]。

(5)美观性复合设计要素。具体内容包括:视觉洁净程度、植被质量、景观的丰富程度、地形的丰富程度。令人愉悦的景观会增加人休闲型体力活动的时间和吸引力,某些美学要素可以通过给人一种友好、愉悦的印象来提高体力活动。Trost[138] 对美观性和体力活动的研究发现,公园绿地中植被种类数量与体力活动水平呈正相关,并且公园绿地中的滨水和地貌类型可以明显地促进人的体力活动水平。

(6)功用性复合设计要素。具体内容包括:公共设施的种类和数量、可以方便到达的服务设施、开放空间中的功能种类、运动锻炼的场地布置、休息座椅的布置、开放空间中的建筑布置、景观小品的数量等。Kaczynski等[139]关于50项体力活动与公园设施的研究分析发现,运动锻炼设施和场地数量与使用者中等体力活动水平正相关。然而另外一项研究发现,公园设施与体力活动水平并没有

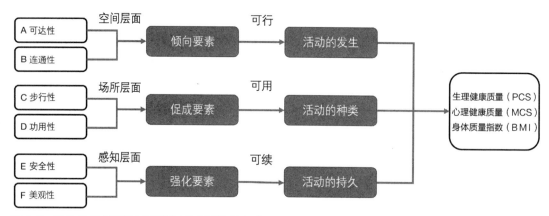

图4-7 绿色开放空间设计要素影响体力活动的方式

显著关联，除了数量与种类，设施的良好维护以及可接近性也是一个重要因素（图4-7）。

4.3.2 空间层面

1. 可达性

可达性根据学科不同而有多种解释，Hansen 首次提出了可达性的概念，将其定义为交通网络中各节点相互作用的机会的大小[140]。绿色开放空间的可达性是指"个体从外部城市环境克服空间阻碍到达的相对或绝对难易程度"，它反映了绿色开放空间供给人进行体力活动机会的可能性和潜力，同时也可以分析不同人群对绿色开放空间的接近程度。

可达性与起点、终点、连接的路径有关，并受到个体自身要素的影响。因此，它具有如下几个特征。

（1）空间性。它首先是一个空间概念，表示个体到达某一空间所需要克服的阻力，描述到达某一空间区位的难易程度，受到个体与交通条件的影响，它反映了空间实体之间的接近程度，因此与区位、空间相互作用和空间尺度密切相关。

（2）时间性。它包含着时间的概念，个体到达空间区位难易程度的指标主要是指到达某一空间所需要的时间，时间是出行最主要的阻抗要素，因此它是描述可达性的主要直观指标。在很多关于可达性的研究和应用中，会以一个时间范围为度量单位。

可达性指标应从体力活动角度出发，它不仅要反映开放空间的特点，也要反映人的实际行为特征。因此，本书在缓冲分析法的基础上，结合可达性与体力活动关系较为密切的方面，进一步对于体力导向的可达性指标进行研究。绿色开放空间外部的可达性与交通型体力活动有密切关系，其内部可达性与休闲型体力活动有密切联系，因此体力活动导向的可达性内容包括外部可达性与内部可达性（表4-5）。

可达性复合设计要素的构成　　　　　表4-5

设计要素	分析指标	指标解释	测量方法
可达性复合设计要素	步行可达性点	步行可达性点是指使用者步行到达绿色开放空间的点，它包括主入口、人行入口、车行入口等	绿色开放空间中步行可达性点数量/绿色开放空间总面积
	骑行可达性点	骑行可达性点是指使用者骑车到达绿色开放空间的点，它包括出入口、自行车停车点和租赁点	绿色开放空间中骑行可达性点数量/绿色开放空间总面积
	公交站点最近距离	最近公交站点包括地铁站和公交站	公交站点到最近出入口的距离
	内部主要节点至最近可达性点距离	内部主要节点包括景观节点、服务性节点和休闲活动节点等，它们到达最近出入口的距离	内部主要节点到出入口的距离

（1）外部可达性。它与绿色开放空间位置、交通布局、出入口布置、界面等要素关系紧密。随着外部可达性提高，使用者从外部到达目的地的阻力减小，使用者更加倾向于选取积极出行方式（如步行、骑行）。外部可达性也可以用单位距离可以到达的空间数量表示，Maas 认为在 1～3km 半径内，可到达的公园绿地数量与人的健康有着正相关的。

（2）内部可达性。它涉及绿色开放空间内部目的地（健身器械场地、广场、景观小品等）与出入口相互之间的关系，如设施与主入口的距离、场地分区的接近程度以及地貌的阻力等。Sideris 认为内部锻炼和活动设施的可达性是影响儿童体力活动水平最主要的因素。不同地貌产生的空间阻力是不同的，如山地、河流如果处理不当会成为通行障碍。

根据以上分析，可达性对于体力活动的影响是通过一些绿色开放空间的点来实现的。传统的最短路径方法无法反映对人体力活动的影响，人们到达绿色开放空间进行体力活动是通过不同的节点所带来的生活经验而实现的，可称之为可达性点，它包括与周边交通相关节点、步行相关节点、骑行相关节点等，这些节点的密度可以反映不同方式出行的人到达目的地的难易程度。可达性本身也是点与点之间的吸引力的抽象。因此，体力活动指向的可达性指标具体如下。

（1）步行可达性点。是指从外界步行到达绿色开放空间的节点，具体包括主入口、人行入口、人行道与绿色开放空间的交界口。步行可达性点数量可以反映某目的地的步行可达性，从而与步行体力活动有关。

（2）骑行可达性点。是指从外界骑行到达绿色开放空间的节点，具体包括主入口、自行车停车场、自行车道与开放空间交界处。骑行可达性点数量可以反映某目的地的骑行可达性，从而与骑行体力活动有关。

（3）公交站点最近距离。与骑行和步行类似，公交可达性点反映人们通过公交可以到达某一目的地的能力，其中与公交站点的最近距离是"5Ds"理论中影响体力活动的一个重要元素，具体包括绿色开放空间周边的公交站点、地铁站点等。

（4）内部主要节点至最近可达性点距离。内部的主要节点包括其景观节点、休闲设施节点、运动健身设施节点、服务设施节点，主要节点与最近可达性点的距离会影响这些节点的可达性。相比于功能分区和公共设施，采用节点的概念能更加真实地反映使用者的习惯，进而真实地反映对于体力活动的影响。

2. 连通性

连通性是一个不断演进的概念，Hillier于1987年提出连通性是城市空间与其他城市实体之间连接程度的大小[141]。Kelly等认为连通性是城市空间通过物理路径与周边环境连接的紧密程度，这些路径是可以供人类流动的通道。它表明连通性是空间与环境诸要素之间的物理连接[142]。连通性包括一定区域内目的地连接的数量和方式，它影响了空间内部人员的流动和休闲活动的展开。除了与外部街区的连接外，连通性也包括内部功能区块之间的连接。绿色开放空间的连通性包括了内部连通性和外部连通性两个方面。

外部连通性包括了与外部交通、功能及形态的连接，它反映了绿色开放空间促进或者阻碍城市空间网络各种流动过程（人流、交通流、生态流）的程度。在体力活动的层面，其主要体现在与周边路网的连接上，增加其连接数量可以鼓励更多人流的到来，潜在地增加了绿色开放空间的可达性，从而可以增加其体力活动水平。

内部连通性包括了四大功能区块（休闲活动区、景观区、交通区、支持区）之间的路径联系与接近程度，它反映了内部布局的紧密和统一程度，连通性强的布局可以促进人们对各个功能区块的使用，从而有利于增加其体力活动水平。Commbes研究发现，公园内部的网络状道路与自由式路网相比，可以增加使用者对于运动设施的使用，从而降低儿童肥胖发生的可能[143]。

绿色开放空间的连通性通过促进周边交通流、人流以及环境物质交换提供除了获得功能（提供一个休闲娱乐场所）、生态（促进生物群体之间的物种交换或景观组分间直接的物质、能量交换和生物迁移[144]）的益处之外，还通过增强体力活动水平及接触自然带来健康的益处。它具有如下几个特征。

（1）空间的连通性是以物理空间为载体，这些载体主要以线性方式存在，如道路、绿道、廊道、桥梁等，这些物理空间载体除了提供空间之间的实体连接，也提供了空间之间的功能连接。

（2）空间的连通性是一种异性连接，它包括了空间与空间的连接、空间与实体（如建筑）的连接、实体与实体的连接，连接主体类型的多样性反映了连接流的多样性及丰富性。

连通性与可达性关系紧密，因此其研究方法也有一定相似，主要包括GIS统筹分析方法、空间句法分析、时间成本分析和网络分析这几种。

（1）空间句法。除了对于空间可达性的分析，空间句法对于连通性也可以进行定量化分析。其主要分析的途径是通过对偶分析方法，将空间轴线化而后分析轴线中的程度（即连通性），表示对偶网络中与点i在拓扑关系上直接相连的其他点的个数（k），一般交汇点多的轴线连通性程度较高，处于端点的轴线连通性程度较差。

（2）时间成本分析。时间成本分析方法是较为简单的对于连通性的分析方法，其主要参数是从一个城市空间进入另一个空间所需要的时间，另外就是通过计算同时进入多个其他城市空间出行成本的平均值来进行衡量。两者区别在于前者考虑了单一空间与空间相互对应的关系，对于多种类型的、复杂城市空间计算具有较大局限性。后者包括了多种空间类型，但是由于只考虑均值，不能体现出不同空间类型之间相互作用的重要性的差异。

（3）GIS的数理分析。GIS结合统计分析可以为连通性提供简单、精确和有效的工具。以引入矩阵方法，构造网络中的最小空间距离来衡量连通性的变化。这是一种融合了神经网络、贝叶斯估计方法、空间相互作用模型的综合分析方法。这种方法加深了对于连通性的认识，使其成为理解社会、经济和文化环境的途径。

体力导向的连通性指标应该满足体力活动的要求，并且符合连通性分析的需要。因此需要对明显影响体力活动的要素进行分析，并结合网格分析方法，建立体力活动导向的连通性指标。连通性主要通过对人的交通行为来影响体力活动[145]，具体内容如下。

（1）地形条件。对于某些山地城市，其平面距离无法反映实际距离，其直线路径也无法反映真实的交通的阻力，特殊自然要素如河流和陡坡会切断空间之间的连接，使用者到达公园的阻力会随着地形的复杂而增大，从而削弱人们进行体力活动的意愿。

（2）路径形态。它影响了绿色开放空间功能分区的连通性，进而影响使用者进入不同功能分区的便利程度，不同路径形态对于体力活动有着不同的影响。如Commbes研究发现，公园内部的网络状路径相比自由式路径，可以增加使用者对于运动设施的使用，从而降低儿童肥胖发生的可能。

（3）外部建筑的布局。开放空间与周边建筑的关系也会影响其空间的连通性。周边的建筑布局如果能有积极开放的联系，如地面一层的灰空间处理、设置露天座椅或者有绿道、自行车道等积极的线性联系，可以增加开放空间与外界的连通性。这种连通性的增加可以直接提高人的体力活动水平。有学者发现开放空间与建筑交界面处理对于连通性影响最大，交界处往往是人的各种活动最频繁的区域。此外，周边建筑密度的提高一般会增加相应道路和人口的密度，进而增加开放空间的连通性并且提高开放空间的活力[146]。

从以上连通性对于体力活动影响方式的分析可以发现：①空间与交通型体力活动密切相关，主要影响方式是道路布局；②对于其分析的角度是自外的，缺少某一地点内部的连通性分析；③目前研究的对象尺度多是中、宏观的城市层面，缺少微观层面研究。体力活动导向的连通性复合设计要素指标应包括如下内容（表4-6）。

（1）内部道路节点比。该指标等于节点数量/道路段数数量，其中，节点为道路的交叉口，这里主要包括丁字形和十字形。道路在这里主要指步行道。道路节点比是反映道路连通性形态特征的一个重要指标，它也反映了绿色开放空间内部各种道路的路网特征，连通性指数越高，表明道路连通性越好，人们到达各个区域的距离越短，从而能增加人步行的水平。该指标也与内部可达性密切相关。

（2）外部主要道路宽度。主要是指绿色开放空间外部接触主道路宽度，它反映了开放空间与外部连通性的强度，随着宽度的增加，人们会降低到达开放空间的意愿，从而降低其体力活动水平，这对于身体不便的老人影响尤为显著。

（3）外部道路交叉口密度。是指外部道路到达绿色开放空间的接口密度，它包括机动车、自行车和步行道的交叉口。交叉口密度是反映绿色开放空间外部连通性的一个基础指标，交叉口越多表明外部人流到达绿色开放空间的可能性越大，交通流的承载量越大，尤其是对于非机动车交通，可以提高人的步行水平。研究表明，人们更加乐意步行前往具有多个道路交叉口和出入口的公园[147]。

（4）外部建筑和设施接口密度。该指标反映了绿色开放空间与周边建筑的接口密度，它反映了绿色开放空间与周边功能在空间上的衔接和契合，接口密度越高则契合度越大，更容易吸引人进入绿色开放空间进行体力活动，但前提是建筑功能应与绿色开放空间功能兼容。例如，对于商业、居住等建筑，通过连接口可以增加其在功能上的互补性，从而促进休闲型体力活动；而对于仓储、工业等建筑，增加连接不仅难以提高其空间的连通性，反而会带来污染和安全等问题。

连通性复合设计要素构成 表4-6

设计要素	分析指标	指标解释	分析方法
连通性复合设计要素	内部道路节点比	内部道路主要是指步行道和骑行道，节点主要是道路的交叉口，包括丁字形交叉口和十字形交叉口	交叉口数量/内部道路段数
	外部主要道路宽度	围合和分割绿色开放空间的主要城市道路宽度	机动车道的实际宽度
	外部道路交叉口密度	基地内道路与道路的交叉口，基地内的道路包括步行道、骑行道和机动车道，这部分往往是基地的出入口位置	内部机动车道、步行道、骑行道与基地外城市道路的交叉口数量/绿色开放空间总面积
	外部建筑和设施接口密度	外部建筑是指周边贴临的建筑如居住、商业、办公建筑等，设施包括人行通道、天桥等交通设施	与周边建筑和设施的接口数量/绿色开放空间总面积

4.3.3 场所层面

1. 步行性

步行性有着广泛的定义。从环境—行为角度出发，美国学者Michel Southworth提出"步行性是建成环境支持和鼓励行走的程度，包括为行人提供舒适安全的环境，在合理的时间和体力范围内使人们能够到达各种目的地，并在步行网络中提供沿途的视觉吸引"[148]。这里是指绿色开放空间对步行活动的支持程度以及步行者对于步行体验的分析。提高步行性是绿色开放空间促进体力活动的重要途径，原因在于步行是大众最普遍的体力活动方式。设计促进积极生活项目（Active Living by Design，ALbD）也认为提高空间步行性是实现维持健康的体力活动量（每天30分钟中等强度体力活动）。相比通勤步行活动，绿色开放空间中的步行性具有如下特征。

（1）步行活动具有明显的休闲性和娱乐性。它更加强调步行的环境品质所带来的舒适性和愉悦性，因此相比城市街道的步行性，绿色开放空间的步行性受到了更多微观的环境设计要素的影响。

（2）步行活动缺少目的性。在这里发生的步行活动并不是为了达到某一个目的而进行的一种交通行为，它对于时间和距离的最小并没有严格的要求，相反对于其带来的空间体验有着较高的要求。

（3）与使用者的体力活动水平密切相关。步行活动在现代人的体力活动中所占的比重越来越大，这在中老年人群体中尤为明显，增强绿色开放空间的步行性可以提高其总的体力活动量，带来一系列健康益处[149]。

（4）可以引导其他类型体力活动的展开。绿色开放空间的步行性与其他类型休闲活动关系紧密，通过鼓励和吸引行人步行到达休闲目的地，良好的步行性可以增加使用者进行其他类型体力活动的机会。

对于步行性的客观定量分析方法主要采用将路网与形态指标相结合的方式，该方式与路网的连通性和目的地的可达性密切相关，有利于整体地优化步行的便捷程度。但这种方法容易忽略步行行为本身的复杂性和环境的真实性，因此会遗漏一些重要的环境要素。对微观步行活动来说，环境空间品质比宏观的路网指标更能影响行人的步行行为，改善步行环境相比调整步行网络更加有效且容易执行[150]，因此本节选用将路网指标与步行环境品质分析相结合的方式，有利于发现不同类型绿色开放空间具体和实际的问题。

步行性对于体力活动的影响主要在步道布局和环境两个方面。

（1）步道布局：步道布局包括了步道的密度、路网特征。

首先，步道密度是指一定范围内，路网与空间范围面积的比值，一般来说路网密度提高，可以增加相应的步行道密度，进而增加步行出行的范围和便捷性。它反映了开放空间中可以承载步行人流的能力，从而鼓励步行体力活动。在一项加利福尼亚的人群体力活动及健康的研究中，以居住地3km缓冲区范围作为研究对象，发现步道密度、步道的交叉口密度与步行水平呈现正相关[151]。然而步行道密度也受到机动车道的影响，机动车道平均宽度和交通流越大，则其对于步行活动的促进作用越弱。

其次，路网特征是步道网络组织的空间结构，不同类型的路网格局步道对于步行活动有着不同影响。从形态上来看，环形的路网特征要好于线性的路网特征，由于不需要折回，因此行人更喜欢在前者进行休闲型步行活动。从连通性上来看，高连通性的步道网络可以减少出行距离并提供多种出行路径选择，因此它可以促进使用者的交通型步行活动。从密度上来看，高密度的格网路网模式是一种适宜的模式，能够给行人一个明确和连续的方向感，使行人感觉从一个地方到另一个地方的行为是不断延续的，同时它能在同等密度下减少尽端路的可能。

（2）步行环境。

步行环境品质影响人步行的实际感受，因此也可以影响步行性。步行环境影响体力活动的要素主要包括：步行基础设施和步行环境设计两方面[152]。

步行基础设施是步行活动的载体，与步行舒适度和安全性密切相关。通过布置步道饮水系统、增加绿荫遮蔽和绿道里程标记，可以有效地增加使用者的体力活动水平，其中清楚简洁的导视系统可以使步行者更加容易掌控路径，减少绕路和回头路（图4-8），从而增加道路的步行性。此外，也有研究提出建立健康地图以鼓励使用者的步行活动，在地图中标注到公园不同节点的距离和消耗的能量。

图4-8 苏州环古城河健康步道的导视图

步道环境设计对人的休闲步行体验有着重要影响，它包括步行环境界面、步行环境的视线控制、步行环境的维护条件等。环境设计可以影响步行的舒适性和愉悦性，步行道周边的绿化和设施的多样性及节奏变化可以减少线性移动的乏味感。

综上可知，在中微观尺度下，步行环境舒适度可以比步行道的布局对于体力活动影响更大。其次，步行环境舒适度对于休闲型体力活动影响明显。最后，步行道布局对于交通型体力活动影响比较明显。因此，体力活动导向的步行性指标如下（表4-7）。

步行性复合设计要素的构成 表4-7

设计要素	分析指标	指标解释	分析方法
步行性复合设计要素	步行道密度	包括机动车旁人行道和独立步道	步行道长度/绿色开放空间总面积
	步行道平均宽度	主要步行道包括园路、栈桥、滨水步道，但不包括人车混行的机动车道	主要步行道的平均宽度
	步行道休息和导视设施密度	步行道休息设施包括了座椅、长凳、花池等导视设施包括地图、指示牌等	步行道休息设施数量+导视设施数量/绿色开放空间总面积
	步行道树木覆盖率	步行道两侧乔木覆盖的比例	覆盖步行道长度/总步道长度

（1）步行道密度。是指步行道的总长度与绿色开放空间面积之比，它可以直接反映绿色开放空间对于步行活动的容纳能力。随着步行道密度的增加，其对于体力活动的促进作用增强，但是步行道密度也要考虑其连通性和路网形态的影响。

（2）步行道平均宽度。是指主要步行道宽度的平均宽度。步行道的宽度和连续性会直接影响步行的舒适度，过窄的步行道会导致拥堵，减慢步行人流的速度。人们在步行的时候习惯于保持一定个人空间，因此随着步道宽度增加，可以容纳的人流数会增加，但是这并不意味着步行道越宽越好。

（3）步行道树木覆盖率。这里的覆盖率主要是指乔木的覆盖率，有乔木覆盖的步行道冬季可以挡风，夏季可以遮阴，从而提高步行的舒适度。林荫道本身也具有视觉的吸引力，波哥大的一项研究表明，林荫道相比一般步行道与体力活动有着更加明显的相关性[153]。

（4）步行道休息设施和导视设施密度。步行道两边休息设施的数量和配置对于休闲型步行活动影响较大，休息设施可以增加步行活动的连续性，导视设施可以增强使用者的方向感，同时激发其探索的步行动机，休息设施和导视设施对于老年人的休闲步行活动影响尤其明显[154]。

2. 功用性

功用性为"可以满足人们使用要求的环境的物理属性"，该概念来源于心理学家Gibson《视知觉生态论》（*The ecological approach to visual perception*）一书中，认为城市空间是由各种环境要素及其表面所组成的，环境呈现给人们立即察觉的功能[155]。具体而言，功用性是指可以吸引人们使用的环境条件丰富程度，它反映空间支持人们活动的能力，如是否有足够的健身器材、活动场地、服务设施等。

绿色开放空间的功用性与使用者行为特征有着密切联系。在绿色开放空间中，使用者行为更多是一种自由、随机性的行为活动，是一种日常理性与闲暇感性协调作用下的行为，与视觉上的审美及精神上的放松有着密切的联系。这就要求绿色开放空间的功能性不仅满足基础的功能要求，也要满足使用者审美和心理层面的功能要求，因此其功用性主要体现在物理环境和心理环境两个方面。

（1）物理环境的功用性包括自然环境和人工环境两个方面。自然环境包括未经人工雕琢的地理地貌要素和自然植被要素，人工环境是指人为删减、增加和改造的各种新的空间和物质形态。在绿色开放空间的设计中，平衡人工与自然环境要素的关系，对于其功用性最大限度地发挥和实现有着重要意义。

（2）心理环境的功用性包括人在空间中的情绪和行为动机。格式塔心理学家卡夫卡认为"人的行为发生于行为环境之中，并受行为环境的调节，只有行为环境中的行为才称之为行为"。Lewin在其《人格的动力理论》（*A Dynamic Theory of personality*）中提出了行为动力学公式$B=F（P×E）$，B代表行为，P代表性格即心理要素，E代表环境要素，该公式表明了行为是心理与环境相互作用的结果，人在环境中的活动行为是通过心理对于客观环境的折射产生的一定心理时空环境所表现出来的。

对于绿色开放空间功用性的分析方法主要有德尔菲（Delphi）法和语义差异法两种。

（1）德尔菲法（专家调查法）是一种依靠专家的知识和经验，利用专家的判断、评估和预测来获得较为权威信息的调查方式。它采用背靠背的匿名方式，经过多次意见征询，使专家意见趋于一致，最终获得科学合理，且符合发展趋势的预测结论。该方法中主要的资料收集方式是查阅和实地观察等，依据主观的理解和定性分析进行研究的过程。该方法倾向于从单纯的专业角度来加以评判和定论，往往忽略了人的心理因素和行为特征，易于主观化。

（2）语义差异法是运用语义区分量表来研究事物的意义的一种方法。它主要通过设定的言语尺度，对受访者进行心理感受测定，通过这种方法可以获得受访者心理感受的定量化数据结果。语义分析法最早应用于心理学的研究领域，语义差异法实现了对于可见场所心理认知的定量化描述。该方法的优点是可以提取除视觉外的多种影响因子，如听觉、味觉等，因此可以全面反映空间功用性的效果。其缺点在于用这种方法评定与测试需要受访者到指定空间进行实地体验，以便客观真实地记录分析者感受，因此在试验样本选取上投入较大，或因无法实现实地的对比分析影响实验结果。

绿色开放空间中的活动多是一种自由和随机的闲暇放松活动，其功能性也要满足使用者舒适性和愉悦性要求[156]，它通过场所设计和设施布置两个方面来影响体力活动，其具体内容如下。

（1）休闲活动区域。该区域与人的休闲型体力活动水平密切相关，这是一个人工化程度较高的环境，其自然元素相对较少，但人工元素较多，其主要表现形式为广场、球类场地、儿童游戏场等人工活动场地。休闲活动区域的场地尺寸、空间秩序和中心性对功用性有着较大的影响。Addy通过对1194名美国成人的研究发现，居住区绿地中活动区域的大小和形状与使用者的体力活动程度具有密切关联。休闲区域中的空间秩序影响了使用者空间体验的舒适度，而舒适度是解释使用者体力活动水平上升的重要原因。

场地尺寸可以影响其对于公共活动的容纳量，尺寸越大，表面可以容纳的人和活动种类越多，然而过大和空旷的场地并不一定能提高其功用性[157]。场地的地形会影响公共活动展开的种类和难易程度。地形的影响主要体现在其起伏程度，平坦的地形，空间尺度开阔，四面开敞，视野距离长，宜开展群体活动；反之，地形起伏过大则会限制场地的尺寸以及活动器械的布置等[158]。

从设施来看，绿色开放空间中休闲活动设施的数量和布置可以影响中等强度以上体力活动频率。不同类型设施对于不同体力活动的促进效果并不相同，Blanchard 对全美的成人调查发现，健身和遮阳设施能有效地吸引使用者进行休闲型体力活动，这些设施的数量与使用者体重呈负相关关系，然而座椅设施对于体力活动促进作用较少。

（2）自然景观区域。该区域是绿色开放空间的主体和核心，它提供给人们进行交流、休息等活动的机会。从场所来看，该区域主要由自然植被和地貌组成。其中地貌为地形的一部分，包括山地、丘陵、平原及河流、湖泊等，该区域对于功用性的影响主要体现在其地貌、植株搭配两个方面。

地貌的设计会影响到竖向空间的布置，从而可以创造出多种形态的休息和赏景空间等微地形，山丘、山峰、梯田等地貌，进而创造出支持休闲、观赏活动的各种场所。植株除了美观效果外，还可以通过其高度、疏密程度起到划分空间的作用，因此可以影响到该区域的私密性和公共性的关系，这对于休闲、观赏等非群体活动有着一定影响。景观绿化区域的类型也是影响功用性的重要方面[159]。

1）开敞式绿化空间。一般以低矮绿篱、灌木、草坪地被等作为空间的竖向限制因素，没有明确的空间范围限制，适合布置在区域的中心，适于举行集体休闲活动。

2）半开敞式绿化空间。半开敞空间中一部分或多部分空间被立面植物封闭、围合，在一定程度上视线受到限制，具有一定的私密性，空间指向开敞的部分，这样的空间可以使人既有一个方向的开敞视野也可以有背后的遮挡，给人的休闲活动带来安全感。

3）覆盖式绿化空间。在平面布局上以植物枝叶和树冠作为空间竖向上的覆盖面构成覆盖式的绿化空间，覆盖面由高大乔木的树冠、藤本植物的枝叶来构建，在夏天可以为使用者遮阴纳凉，支持人的休息、交流等活动。

4）竖向植物空间。通过高耸的乔木的竖直面形成的空间，如植物阵列式的种植，上部和前方开敞便形成了夹景的效果，因为垂直面分割具有强烈的封闭性，空间给人很强的导向和方向感，可以形成连接人们公共活动到私密活动的通道。

5）封闭式开放空间。空间利用树冠形成覆盖面，限制向上的视线，而林下灌木、草本、小乔木对于四周的视线有着密集的遮挡，形成了四周视线封闭的空间，该空间具有极强的封闭感和隐秘性等特点，可以为人们提供一个私密和安静的休息空间。

（3）公共服务区域。公共服务区域虽然不能直接提高体力活动，但它可以促进使用者在公共活动区域和绿化景观区域的停留时间、来访频率，它是绿色开放空间功用性产生的一个重要条件。

从场所来看，公共服务设施与其他区域的距离、功能混合的程度是影响其功用性的主要因素。公共服务区域与其他功能的接近度越高，则其被使用的概率越大，其功用性效果越好[160]。公共服务区域可以细分为各种子功能，如信息、交通、安保、商业、餐饮等，这些功能混合度的提高可以增加人使用的便利性，混合度高意味着人可以在有限的距离内完成很多功能，从而增加设施的功用性。

从设施来看，根据物质形态可以分为建筑和使用设施两类，建筑主要包括：游客接待中心、卫生间、商店、快餐厅等，是绿色开放空间中最主要的建筑实体，它们一般可以提供较为完善的服务，而且功能较为固定，往往是使用者对于开放空间的主要定位点，是公共服务区域的设施主体。使用设施包括：标识系统、电话亭、音响设备、宣传栏、饮水器、垃圾箱等，这些设施可以直接影响绿色开放空间使用者的实际便利感受，从而间接影响其体力活动的长度。

综上，在绿色开放空间中，功用性主要通过场地和设施两个方面影响人的体力活动。场地和设施的种类及丰富程度与体力活动有一定关系。休闲活动区域和景观绿化区域的功用性对于体力活动有着直接作用。基于以上分析，体力活动导向的绿色开放空间功用性复合设计要素指标如下（表4-8）。

（1）休闲活动区域覆盖率。休闲活动区域大小与中小强度休闲型体力活动密切相关，它包括小型广场、室外剧场、滨水步道、儿童娱乐场地等，由于休闲型体力活动是使用者在绿色开放空间进行的主要活动类型，因此休闲活动区域比例越高，对于使用者休闲体力活动水平的促进作用越强。

（2）运动锻炼区域覆盖率。主要是指球类场地、跑道和运动器械场地。与休闲型活动区域相比，该区域与中等强度以上体力活动有关，其占地一般较大并且完整，因此将其单独作为一个指标可以反映绿色开放空间对于中等以上强度体力活动的促进作用。

（3）公共服务设施密度。公共服务设施包括卫生间、信息中心、售卖点、休息点等，它对于体力活动的促进作用是间接的，公共服务设施密度越高，对于体力活动的连续性和持久性越有利。

（4）运动锻炼设施密度。运动锻炼设施包括了篮球筐、单双杠、坐式跑步器、滑盘器、沙坑等，这些设施的数量和种类与体力活动有着直接的联系。其密度越大，越能提高使用者的运动强度水平[161]。

功用性复合设计要素的构成

表4-8

设计要素	分析指标	指标解释	分析方法
功用性复合设计要素	休闲活动区域覆盖率	休闲活动区域包括：小型广场、室外剧场、滨水步道、儿童娱乐场地等	休闲娱乐区域面积（加和）/绿色开放空间总面积
	运动锻炼区域覆盖率	运动锻炼场地包括：球类场地、跑道和运动器械场地	运动锻炼区域面积（加和）/绿色开放空间总面积
	公共服务设施密度	公共服务设施包括：卫生间、信息中心、售卖点、休息点、餐饮小品	公共服务设施总数量/绿色开放空间总面积
	运动锻炼设施密度	篮球筐、单双杠、坐式跑步器、滑盘器、攀登架、沙坑、跷跷板、秋千等	运动锻炼设施总数量/绿色开放空间总面积

4.3.4　感知层面

1. 安全性

安全性是指人们在城市环境中感到安全及由于恐惧而影响空间使用的程度[162]，从生理学来看，当人们对于环境的安全性有所质疑的时候，会产生下丘脑—垂体—肾上腺压力应激反应，从而影响人的行为判断。

安全性是影响开放空间使用的重要因素。它涉及空间环境的各个方面，包括了交通情况、地形坡度、治安情况、路面质量等方面。根据AHonzo的行为需求理论模型，安全性是影响体力活动的第三层次和基本感知要素（图4-9），它与体力活动动机和意愿密切相关，无论是主观的安全性还是客观的安全性对于体力活动的影响都是很大的。不当的设计和维护会导致绿色开放空间安全性的降低，如植被所带来的视线遮挡问题会对使用者造成一定安全隐患，缺少维护和安全设施的绿色开放空间会带来一种失控、破败的消极印象。绿色开放空间的安全性内容如下。

（1）绿色开放空间由于其本身植被所带来的视线遮挡问题，对于使用者会造成一定安全隐患。根据犯罪心理学理论，"荒芜的，未经修饰的自然景观"会给人带来本能的不安全感[163]。由于不当的设计和规划造成的道路、空间和视觉死角，容易成为滋生安全隐患的温床。

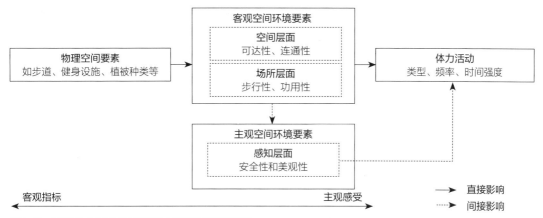

图4-9　影响体力活动的客观和主观空间环境要素

（2）根据"破窗理论"，缺少维护和安全设施的绿色开放空间会为各种犯罪
与非法行为提供庇护所，并且可以从视觉上给人们带来一种失控、破败及因缺少
监视而存在犯罪隐患的感觉，如涂鸦、无人管理的垃圾桶等，这些会增加使用者
的警觉性，从而抑制其体力活动。

（3）有规则、秩序并且美观的绿色开放空间可以降低犯罪，费城通过对
1999～2000年54123块空地开发前后的对比研究发现，经过绿化之后的空地周边
的犯罪率下降，居民和绿地有关的体力活动水平提高。芝加哥的一项研究也表
明，绿化空间有助于减少人的攻击性以及和人冲突的可能[164]。

（4）绿色开放空间中的景观元素也会造成一定环境安全隐患，其中的水塘、
陡坡、岩石、沟渠会对儿童和老人造成潜在的危险，而由于意识到这种潜在危
险，使用者的体力活动范围和种类也会受到限制。

对于开放空间的安全性分析主要通过安全性量表和主观问卷完成，典型的有
PDM分析量表。

PDM（Physical Design Management）分析量表是一种对于安全性评估的多
层次模糊综合分析体系，最早应用于建筑施工场地[165]，后来逐渐进入城市场地
安全性评估（表4-9）。在该理论中环境安全性影响要素被分为三个大类——"物
理""事理""人理"，以及六个小类——场地选择、交通设计、空间布局、绿化
景观、设施小品和维护管理。

开放空间的安全性要考虑多个因素而非仅仅是单一因素，其安全性还是一个模
糊问题，多种组成因素有着大小不同的作用并相互影响着，而且各因素的作用结果也
可能是一个模糊范围，所以这是一个模糊评判问题，需要采用模糊的方法评判[166]。

PDM安全性量表的分析指标　　　　　　　　表4-9

安全性		
物理（物质设施与维护）	事理（空间布置与设计）	人理（人员主观要素）
设施尺度 设施材料 设施数量 设施的维护 铺装的材料 地形改造	区位 人口布置 空间布局的合理性 空间布局的明确性 交通布局的合理性 交通布局的安全性 植物布置的安全性 植物布置的合理性	行为习惯 年龄 性别 职业 教育 安全记录

安全性是影响体力活动的基本感知要素，它与体力活动动机和意愿密切相关，无论是主观的安全性还是客观的安全性对于体力活动的影响都很大。其具体内容如下。

（1）犯罪安全性。是指环境对于犯罪的预防能力，较低的犯罪安全性，如安全设施不足、缺少监控的区域，会提高人的警觉性，从而阻碍使用者展开体力活动。反之，提高犯罪安全性可以提升使用者的体力活动量，尤其是妇女和儿童。提高空间监视能力是提高犯罪安全性的主要手段，如增加摄像头以及建立视觉监视廊道、减少高大乔木阻隔所形成的视觉盲区等。

通过建立空间的领域感也可以增强空间的监视和警御犯罪的能力[167]，包括乔木的布置、灌木的布置、座椅设施的布置以及明确的功能分区划分。灌木作为分隔空间的要素，可以在不阻挡视线的同时，明确区域的领域感；座椅设施的增加也可以促进人的使用而提高环境的监视能力；不同活动设施可以吸引人进行多样的活动，这种多样活动的出现也可以增加空间的监视能力。

（2）环境安全性。环境安全性主要包括交通和活动安全性。它包含了交通与活动设施的安全设计，如机动车交会处的安全控制（信号灯、提示牌）、活动场地设施（铺地、扶手、栏杆）等。环境安全性低会对使用者人身造成潜在的伤害，进而影响其体力活动的意愿，这点对于老年人影响较为明显。Tsunoda 发现环境安全性与老年人的休闲步行活动呈正相关，甚至指出老人觉得交通安全性好，其每周可以多步行1km。家长则会将活动器械、场地的安全性作为其是否鼓励孩子在公园活动的一个重要考虑因素。

综上，绿色开放空间中，环境暗示导致的心理安全感是对体力活动产生影响的主要机制，安全性对于体力活动的影响对于老人和儿童尤为明显。犯罪安全性相比环境安全性对于体力活动的影响更大。体力活动导向的安全性复合设计要素指标如下（表4-10）。

（1）照明密度。是指照明设施在绿色开放空间的密度，照明设施包括路灯、地灯、艺术照明等。大量实证研究表明，照明与犯罪安全感密切相关，夜间照明密度与犯罪率有负相关，照明密度增加也会减少夜间的视觉盲区，从而增加人们的安全感，促进在绿色开放空间内各类活动的展开。

（2）尽端路密度。尽端路与犯罪密切相关，其人流密度小，缺少监视能力容易形成视觉盲区，这些视觉盲区是犯罪容易产生的地方，并且由于可达性差，难以维护，因此也容易滋生垃圾、涂鸦等消极的安全性暗示，抑制人们的体力活动意愿。尽端路数量与路网设计有关，较多的尽端路也表示路网的方向性比较差，行人会由于难以定位而对其步行活动产生影响。

（3）机动车道与步行道混合长度。该指标与交通安全性相关，较长的混行长度容易为步行者带来事故风险，分离步行道可以大大降低事故比例。该指标越大，道路的安全性越低，人们采取步行活动的意愿就越低。

（4）机动车道与步行道交叉口密度。机动车道与步行道交叉口是最容易出现事故的部分，尤其是对于老人和儿童。其密度的增加会导致交通风险的加大，阻碍人们的步行。

安全性复合设计要素构成　　　　　　　　　　　　　　　表4-10

设计要素	分析指标	指标解释	分析方法
安全性复合设计要素	照明密度	照明灯光包括：地灯、路灯、艺术照明等	照明灯光数量/绿色开放空间面积
	尽端路密度	尽端路主要指步行道的尽端以及某些中途被打断的道路	尽端路数量/绿色开放空间面积
	机动车道与步行道混合长度	是指基地内没有人行道的机动车道路长度，反映了行人与机动车混行的危险程度	道路长度
	机动车道与步行道交叉口密度	两种车道的交叉口反映行人横穿道路可能产生的潜在危险	机动车与步行道交叉口数量/绿色开放空间面积

2. 美观性

美观性的概念来自于景观视觉美观研究，它关注于将客观存在与观察者主体的主观印象结合起来研究，它包括人类环境体验、环境、回忆和想象各个方面，它是视觉环境与使用者心理活动共同作用的结果[168]。景是自然元素为主的客观存在，观是这种形象被人接受后在意识中产生的感受、联想和情感[169]。虽然公众可以通过视觉、听觉、味觉、触觉来感受和分析绿色景观，但其景观感知与分析途径主要还是人们的视觉感知。

绿色开放空间中的美观性受到了其组成要素的强烈影响,有着明显的生态特征,绿色开放空间的视觉主体主要是地景和植被,因此其美观性主要受这两者的影响。在植被这一方面,绿色开放空间的视觉美观主要体现如下。

(1)植物形态。植物形态的多样性和相似协调性以及其变化的规律性和韵律美的程度。

(2)植物色彩与季节变化。植物的季节性色彩变化与协调性的韵律美。

(3)绿色率。绿色在视野中所占的比例,该指标受到季节的影响。

(4)枯落率。植被的维护和清理情况。

在地景方面,绿色开放空间的视觉美观主要体现如下。

(1)地形坡度。呈现一定坡度的地形会增加地面景观的立体感和层次感,从而打破地形的面状单调的感觉,增加审美趣味。

(2)水景元素。地形与水的结合会增加地形的丰富度和活力,与水的集合包括临水地形如临湖、临海、临河等,水景布置如喷泉、水潭、小溪等,水会带给地形一种与生俱来的审美效果,其本身的倒影也会对周边环境的美观进一步进行烘托。

(3)地面元素。组成地面覆盖的要素,如砂石、岩石、土壤的色彩与肌理,也是绿色开放空间视觉美观的一个表达途径,如地面岩石的形状,岩石是否奇特、突出,会影响大众对于空间视觉美观的整体感受。

美观性的分析方法种类繁多,根据目的可以主要分为两个大类和四个方向。第一个大类是对景观物理特征进行客观量化的分析方法,第二类是专家或者公众对于景观的主观非量化的分析方法[170]。基于视觉环境质量理论,以上方法又分为四个方向:形式美学方法、物理心理学方法、认知心理学方法、经验学方法。物理心理学方法为景观美观性分析最主要的方法,它主要包括美景度评估法和语义差异法。

(1)美景度评估法。该方法是美国环境心理学家Daniel和Boster于1976年提出的,它以物理心理为基础,认为风景与视觉的关系可以理解为刺激—反应的过程,其主要研究内容是"刺激"媒介与"反应"主体对于美景度分析可靠性的影响。该方法主张以群体的普遍审美标准作为衡量景观质量的依据[171]。

该方法的局限在于其缺少综合分析,缺少季相变化,另外虽然它认为景观的视觉效果是一个整体的感觉,优美与否非相互因子独立所能反映,但它在实际分析过程中又很难将不同因子组合进行量化。该方法适合对于大尺度景观的美景度进行分析，它的研究思路比较固定，但是在具体细节问题上处理具有一定差异，如何选定景观因子是该类研究的关键问题。

（2）语义差异法。该方法是奥斯古德在1957年提出的一种心理测定方法，又称为感受记录法，它利用言语尺度来进行心理感受的测量，从而建立定量化数据。进入20世纪90年代以后，该方法普遍应用于建筑、规划、景观领域的视觉美学分析。该方法的特点是采用形容词来测定人的直观感受，它典型的方法是首先选取景观照片，结合景观照片确定合适的形容词组（20～30组出现最多）和分析尺度（5～7段常见），然后根据研究需要选择被调查对象（20～30人），通过幻灯片实施问卷调查来收集数据，最后对其进行统计分析，常用因子分析法。该方法最大的优势在于，其不仅局限于视觉美，还可以对视觉以外所有的直观感受进行量化，其他方法则难以实现。

美观性是影响体力活动主观感知的一个重要因素，对于休闲型体力活动来说，对美观的需求要高于对效率的需求，绿色开放空间中，漂亮的景观、整齐的植物都可以成为促进人们进行体力活动的有力要素。它主要包括景观要素和视觉设计两个方面[172]。

（1）景观要素。它包括了自然景观和人工景观。首先，自然景观包括了绿色开放空间内部山、水、植被、石等自然或人工雕琢的要素，其数量与质量对于空间视觉美观性有着明显影响。其中，数量一般用自然要素所组成的景观在行人视线中所占有的比例来分析。Brownson根据对城市和郊野公园的研究发现，自然景观所占的视觉比例越大，则行人对于其美观性分析越高并增加停留时间[173]。

其次，人工景观主要是指为突出空间特色而增添的建筑物和构筑设施，如亭、台、楼、榭等，它们可以为游客提供休憩和驻足停留或是观赏的场所。内部人工景观主要起到烘托自然景观的作用，因此其对于视觉美观性的贡献主要体现在其与自然景观的协调性上，两者关系越和谐则其美观性就越佳。

（2）视觉设计。它包括了路线和视线控制。首先，景观的视觉性是一个动态的时空过程，随着人的移动和视线的转变而产生不同的效果。在路线的行进过程中，行人主要关注的是前进方向和左右两侧中视野开阔的部分。因此，大部分公园绿地会布置一条环形的游览路线，保证行人可以360°环绕其空间内部而获得最大的景观视野，同时可以不走重复的道路而减少视觉景观的单调和乏味，增加人们步行的时间。

综上，在绿色开放空间中，美观性可以影响空间的吸引力，进而影响人的使用。人们在良好的自然要素中可以延长体力活动时间。视觉的引导与人的步行活动联系紧密。体力活动导向的美观性复合设计要素指标如下（表4-11）。

（1）自然植被占有率。是指草坪等软质铺地所占比例，它包括乔木、灌木和草本植物所占地坪面积。自然植被占有率越大，则其对于美观性的促进越大。研究表明，与自然植被的接触程度与体力活动有正向的相关性。在其中，乔木相比灌木和草本更容易促进使用者的体力活动。

（2）自然植被种类的丰富度。这也是反映绿色开放空间美观性的一个重要指标。随着植被种类丰富度的增加，其美观性也会得到提升，从而增加人们观察和步行等活动的可能。

（3）视觉焦点数量。它是指主要能引起人们视觉注意的内部节点，并不限于自然要素，某些人工构筑物也可以成为视觉焦点。适当增加视觉焦点数量有助于提升人们对于绿色开放空间美观性的分析，从而增加其再次访问的可能。

（4）视觉通廊数量。视觉通廊是指联系内部和外部某一焦点的视觉廊道，是连接内外的线性视觉空间，视觉廊道可以增加视觉焦点的吸引力，同时增强绿色开放空间对于外部的吸引力，增加行人进入其中进行体力活动的机会。

美观性复合设计要素 表4-11

设计要素	分析指标	指标解释	分析方法
美观性复合设计要素	自然植被占有率	是指草坪等软质铺地所占比例，包括乔木、灌木和草本植物所占地坪面积	绿化植被区域面积/绿色开放空间总面积
	自然植被种类丰富程度	主要分析植被种类丰富度，根据主要节点的现场调研照片记录，对其种类进行分析	从每个绿色开放空间中每个主要景观节点选取2张照片，其丰富程度由照片中树木的种类来表达
	视觉焦点数量	视觉焦点是指能明显引起游人注意的特殊自然环境要素及人工构筑物，如名树、水潭、假山、山丘、湖泊等	每个绿色开放空间的视觉焦点由问卷发放者现场标记拍照后交由专业人员进行筛选
	视觉通廊数量	视觉通廊是指联系内部和外部某一焦点的视觉廊道，是连接内外的线性视觉空间	依据每个绿色开放空间的视觉通廊平面卫星图片和实际问卷发放者的照片综合确定

本章小结

本章从体力活动角度出发，阐述了绿色开放空间影响健康的基本和复合设计要素。首先提出了体力活动作为选择设计要素依据的理论基础，其次基于问卷访谈和文献引证进一步梳理了这些设计要素的分类和内容。

（1）绿色开放空间影响健康的基本设计要素。它是指设计影响健康的最基本的物质单元，根据对于苏州市十个绿色开放空间的现场调研并结合因子分析的筛选方法，共获得三项基本设计要素及九个因子。其中，点性基本设计要素包括了设施种类、运动健身服务设施数量、公共服务设施数量和入口数量，线性基本设计要素包括了步道长度、步道结构和步道材质，面性基本设计要素包括了可活动区域比例和景观区域比例。

（2）绿色开放空间影响健康的复合设计要素。此类要素是建立在基本设计要素上用来反映设计本质的一种抽象组成。通过文献引证力度分析的方法明确了三个层面共六个复合设计要素，并对每个设计要素的内容、指标、影响体力活动的类型等进行了归类：①空间层面上，它包括了可达性和连通性复合设计要素。作为体力活动的目的地、路径和场所，绿色开放空间可以从距离和图形拓扑关系两个方面，分别通过可达性和连通性来影响体力活动的频率。其中，可达性复合设计要素的内容包括了内部与外部目的地的可达性，连通性复合设计要素的内容包括步道形态和步道指标。②场所层面上，它包括步行性和功用性复合设计要素。绿色开放空间可以从中微观环境品质方面，分别通过步行性和功用性来影响体力活动类型。其中，步行性复合设计要素的内容包括步行环境和步行基础设施，功用性复合设计要素的内容有场所设计和设施布置。③感知层面上，它包括安全性和美观性复合设计要素。绿色开放空间设计可以通过安全性和美观性来影响使用者的主观感知进而影响体力活动的时间。其中，安全性复合设计要素包括犯罪安全性和环境安全性，美观性复合设计要素包括景观要素和视线设计。

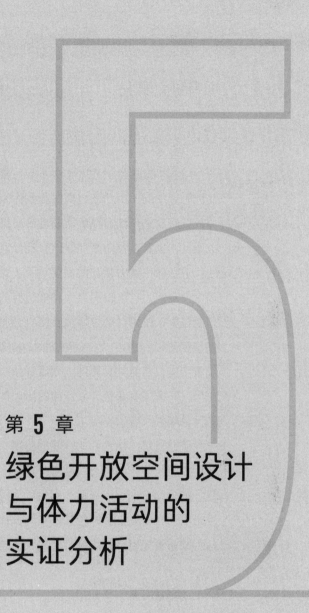

第 5 章
绿色开放空间设计
与体力活动的
实证分析

5.1 现有研究概况

5.1.1 以休闲型体力活动为主

随着机器在生活和工作中对于重复性劳动的替代，人们的休闲时间在每天可支配时间中的比重不断提高，因此休闲型体力活动对于居民改变静态生活方式、养成健康动态生活习惯的重要性日益提高。休闲体力活动可以有益于居民的身心健康，特别是在预防某些非流行性慢性疾病方面效果更加明显。绿色开放空间是居民进行休闲体力活动的主要空间载体，其使用频率远远高于健身房、体育中心等室内空间，它可以提供多种低门槛的锻炼、运动和健身场所，不仅能够带来生理的健康，也可以通过增加社交机会而改善自身的心理健康和社会适应状态。虽然根据规范绿色开放空间在超过2hm²时应该加设相应的健身场所、运动场地和健康步道，然而其具体的规划设计品质往往被忽略，由供应商和营建商进行空间布局，导致某些绿色开放空间的活动场地无人问津或者使用者过多，社会公共资源大量闲置或者供不应求。

研究发现，绿色开放空间的温度、交通路径、植物和水体等环境要素，对于步行、骑行等休闲体力活动有一定影响，在具体的空间分析中，要从健身器械数量、维护和管理、布局形式的角度分析上述环境要素对于休闲体力活动的影响，但是较少有研究分析绿色开放空间设计要素与体力活动量化的关联性关系，以及这种关系是如何具体影响到使用者的健康的。

5.1.2 强调主观评价

国内外近些年出现了大量从使用者角度出发关注体力活动和绿色开放空间关系的研究。在西方国家，学者通过行为观察和社会学调研分析不同类型使用者的体力活动对于绿色开放空间的使用情况，主要是从社会学角度通过访谈和问卷调研来获知使用者的体力活动习惯和空间分布。另一部分学者则更多地从行为学角度利用数理分析来挖掘体力活动和环境的动态关系并积累了大量研究成果。国内有相关研究从空间行为角度展开，主要集中在对于公园绿地休闲空间的评价上，也有一些学者从使用者的角度对公园的使用情况进行主观满意度、主观偏好的分析，或者利用观察、访谈方法对于体力活动的时空分布进行统计和数理分析，但是对于体力活动和环境空间要素的关联性研究还是不足，并且由于缺少对体力活动的具体量化分析而难以获得针对绿色开放空间设计的具体结论。

5.2 实证分析框架

5.2.1 实证目的

前文分别阐述了绿色开放空间影响健康的主要途径，通过体力活动影响健康的基本设计要素和复合设计要素。本次研究的目的是进一步验证和细化之前的研究，并为提升健康效用设计策略提供循证依据，具体的目的如下（图5-1、图5-2）。

（1）绿色开放空间基本设计要素与体力活动的关系。绿色开放空间能提供体力活动发生的场所、路径和目的地，这些要素通过一定的组织方式形成了影响体力活动的客观环境，从而容易吸引使用者进行休闲型和交通型体力活动，本次实证研究需要在上面研究结论的基础上，进一步明确哪些环境要素与体力活动有着怎样的具体联系。

（2）绿色开放空间中使用者体力活动与健康水平的关系。体力活动建立起了以自然环境为主体的绿色开放空间与使用者身心健康的联系，会给身体带来短期和长期的益处，如改善情绪、降低肥胖的可能性和某些慢性疾病的发病率等。

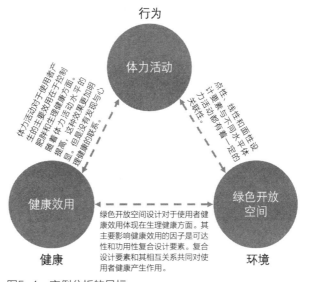

图5-1 实例分析的目标

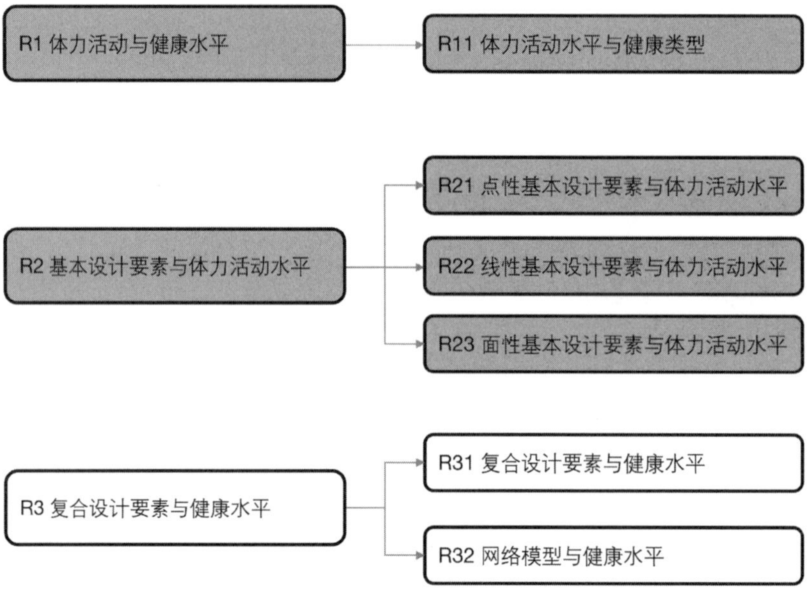

```
┌─────────────────────────┐      ┌─────────────────────────────┐
│ R1 体力活动与健康水平       │─────▶│ R11 体力活动水平与健康类型      │
└─────────────────────────┘      └─────────────────────────────┘

                                 ┌─────────────────────────────────┐
                              ┌─▶│ R21 点性基本设计要素与体力活动水平   │
                              │  └─────────────────────────────────┘
┌─────────────────────────┐  │  ┌─────────────────────────────────┐
│ R2 基本设计要素与体力活动水平 │──┼─▶│ R22 线性基本设计要素与体力活动水平   │
└─────────────────────────┘  │  └─────────────────────────────────┘
                              │  ┌─────────────────────────────────┐
                              └─▶│ R23 面性基本设计要素与体力活动水平   │
                                 └─────────────────────────────────┘

                                 ┌─────────────────────────────┐
                              ┌─▶│ R31 复合设计要素与健康水平      │
┌─────────────────────────┐  │  └─────────────────────────────┘
│ R3 复合设计要素与健康水平   │──┤  ┌─────────────────────────────┐
└─────────────────────────┘  └─▶│ R32 网络模型与健康水平         │
                                 └─────────────────────────────┘
```

图5-2　实例分析的内容

5.2.2　分析方法

　　根据研究目的和循证设计的相关思路，本章研究的构架包括了两部分（图5-3）：绿色开放空间基本设计要素与体力活动研究；体力活动的康复效应研究。该框架认为绿色开放空间设计通过基本要素可以直接影响使用者的体力活动水平，从而带来不同的康复效果。这两方面的研究成果及相互之间关系通过讨论可以为绿色开放空间的健康设计提供依据。

　　本章研究选取了苏州市区10个公园绿地，对于其设计布局和使用者体力活动水平进行基础性研究。研究内容包括：使用者体力活动的时空分布，使用者健康

绿色开放空间基本设计要素与体力活动的研究　　　　体力活动的康复效用研究

图5-3　研究的构架

水平与体力活动的关系，点性基本要素与体力活动水平的关系，线性基本要素与
体力活动水平的关系，面性基本要素与体力活动水平的关系（表5-1）。

研究内容归纳　　　　　　　　表5-1

项目	内容
使用者个体特征	年龄、性别、教育背景
使用者行为特征	时空分布、频率、类型
绿色开放空间设计	点性基本设计要素
	线性基本设计要素
	面性基本设计要素
体力活动水平	IPAQ得分
健康水平	BMI与SF-12得分

（1）使用者体力活动的时空分布：通过观察和问卷调查了解使用者对于公园
绿地的使用规律和使用分布，包括体力活动的类型、频率和时长。

（2）使用者健康水平与体力活动的关系：通过比较使用者的体力活动水平
（IPAQ得分）和其BMI及健康调查量表SF-12（PCS和MCS），得出体力活动对于
使用者心理或者生理健康的具体效用。

（3）点性基本要素与体力活动水平的关系：通过实地探勘和图纸分析来获得
公园绿地设施的种类、入口数量、运动健身设施密度和公共服务设施密度，比较
这些空间环境特征与体力活动水平的关系。

（4）线性基本要素与体力活动水平的关系：通过实地探勘和图纸分析来获得
公园绿地步道的密度、材质和结构类型，比较这些空间环境特征与体力活动水平
的关系。

（5）面性基本要素与体力活动水平的关系：通过实地探勘和图纸分析来获得
公园绿地可活动区域和景观区域的比例，比较这些空间环境特征与体力活动水平
的关系。

5.2.3 实例简介

1. 地点

不同的绿色开放空间在位置分布和面积大小方面有着很大的差异。从分布范
围来看，它们分为市区、居住区和郊区绿色开放空间；从占地大小来看，其面积

从1hm²到20hm²以上不等。针对苏州市42个公园绿地进行统计分类，发现大部分街区级绿色开放空间面积小于10hm²，其中一半以上小于5hm²，大于20hm²的最少（图5-4）。从预调研的结果来看，面积小于10hm²的街区公园承担着市民最多的休闲娱乐的职能，被市民频繁且较为固定地使用，对市民身体健康有着长期影响。这类公园往往可达性较好且数量多，具有一定的服务半径，使用者多为附近居民和工作者。

因此，该研究场所限定为街区级绿色开放空间，总面积在10hm²以内。其空间形态和地形不应差异过大，同时周边应有居民区以保证稳定的使用者。

根据以上标准和专家意见，本章选取了苏州市环古城河和环金鸡湖景观带上共10个公园绿地作为研究场所。选择理由具体如下。

（1）可以减少地域要素不同给研究带来的干扰。研究场所的选择在同一个城市，可以减少文化、生活习惯、气候、地理等外界条件对于研究样本的干扰，强化绿色开放空间对于健康的影响。

（2）可以减少空间类型不同带来的干扰。研究场所都是滨水公园绿地，其主要的自然景观和人工要素组成接近，由于其滨水性和线性特征，相较于其他类型绿色开放空间，对于使用者有着更强的吸引力，容易促进户外休闲型体力活动的发生，因此可以分析设计如何通过体力活动对健康产生影响。

（3）保证使用人群的固定性从而尽量提高研究成果的稳定性。所选研究场所主要服务于周边居住区，通常人们更加喜欢在住所周边的公园绿地进行健身、锻炼等体力活动，因此研究人群的样本比较固定，其健康状况及体力活动与空间的关系更加紧密。人们在办公、商业和住宅地区对于绿色开放空间的使用模式都是

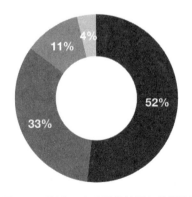

图5-4　苏州42个公园绿地面积分类统计

不一样的。选择周边居住功能为主的场所可以排除不同的城市土地性质对于绿色
开放空间使用的干扰。

本章总共选择了10个公园绿地作为研究场所，分别为：桂花公园C1、干将
桥绿地C2、糖坊桥绿地C3、惠济桥绿地C4、盘门绿地C5、水巷邻里绿地C6、湖
滨公园C7、金姬墩公园C8、望湖角公园C9、红枫林公园C10。其中C1、C2、C3、
C4、C5为环古城河景观带的公园绿地，有着显著的老城区绿色开放空间特征，
C6、C7、C8、C9、C10为环金鸡湖景观带，有着显著的新城区绿色开放空间特征。

2. 人群

在每个研究场所通过年龄、居住场所和长期慢性病等条件的控制，筛选出适
宜的研究人群。

（1）年龄控制。年轻人、老年人、中年人、儿童各自年龄段的健康状况都有
着自身的差异，因此对其年龄应有一定控制。在预调研的时候对于每个案例进行
随机访谈，其中绝大部分使用者是中老年人。

（2）居住场所。研究人群应满足居住在附近、经常性使用该案例半年以上的
受调查者。选择那些绿色开放空间的经常使用者可以获取更稳定的健康状况数
据，并且更能反映该空间对于健康的影响。

（3）长期慢性病史。本次研究不包括那些患有糖尿病、心脑血管疾病、某些
癌症等慢性疾病的受调查者，研究表明长期慢性疾病对于患者的体力活动和健康
状况是主导性的，会极大地干扰对于人群的健康和体力活动问卷调查结果。

5.2.4 体力活动与使用者健康水平的评价方法

1. 健康水平

对于健康水平的分析采用了专项指标和综合指标相结合的方式，其中专项
指标为BMI，综合指标为健康调查量表SF–12。从研究对象样本的大小分类，分
析健康水平的指标主要包括流行病学健康指标和个人健康指标两类。前者是指
反映人群健康状况的指标，适合于大样本的研究，如"健康美国人2020指标体
系""健康加拿大人分析指标体系""欧洲共同体健康分析指标体系（ECHI）"
等。个体健康指标是指反映个体健康情况的指标，适合于小样本的研究，如健康
调查量表［The Short Form（12）Health Survey，SF–12］、健康天数量表（Healthy
Days Measure，HRQOL–4）等。本章所选择的指标为个人健康指标。

（1）综合健康指标：健康调查量表SF–12

绿色开放空间对于健康影响的主要途径是主动参与，该途径对于生理健康、

心理健康都有着积极的影响，其分析方式应能全面地反映健康状况，据此综合健康指标为主要的分析方式。

健康调查量表SF-12（v2.0）是一种综合性较好的分析量表，一方面它涉及健康的各个方面，是国际上通用的、对人群生活健康质量评估的一个综合工具。一方面该量表改进自1995年的SF-36量表，并经过了两次改版，从v1.0到v2.0，有着较高的信度。该表格具有中文简体和繁体两个版本，并且在西安和香港的人口健康普查中得到过实践论证，有较好的效度。

SF-12的分析分数为0~100，分为MCS与PCS两个层面，分数越高，表明综合健康情况越好。SF-12的评分过程较为复杂，并且需要通过美国OPTUM公司授权在线评分，评分网址为：https://www.optum.com/campaign/ls/outcomes-survey-request.html。

（2）专项健康指标：身体质量指数（Body Mass Index，BMI）

BMI是国际上公认的衡量人肥胖情况的有效指标。其具体计算方法是以体重（kg）除以身高（m）的平方，即BMI=体重/身高^2（kg/m^2）。根据BMI数值大小，人的体重依次被分为：体重过低、正常、超重、肥胖前期、1度肥胖及2度肥胖。BMI亦与人种有关，亚洲人的指标相对于欧美人要小一些，比如对于欧美人来说，BMI大于35时为2度肥胖，而对于亚洲人来说，BMI大于30便是2度肥胖（表5-2）。选择BMI作为健康专项指标的原因如下。

第一，BMI的效度和信度得到了世界各地包括中国的检验，它可以较为准确地反映不同地区和人种的超重及肥胖水平。

第二，BMI的计算和数据收集较为简单，它只包括两个变量，并且计算结果可以直接用于统计分析，是目前公共卫生学分析肥胖问题的主要指标之一。

亚洲成年人BMI分类标准　　　　　　表5-2

分类	BMI（kg/m^2）
体重过低	<18.5
正常	18.5~22.9
超重	≥23
肥胖前期	23~24.9
1度肥胖	25~29.9
2度肥胖	≥30

来源：改绘自《WHO2015年度报告》。

体力活动与BMI的关系密切，两者具有显著性关联。体力活动不足导致的每日能量消耗不足及静憩生活方式流行是引起超重和肥胖的一个重要原因。中国的主要慢性疾病如心脑血管疾病、糖尿病等也与肥胖有着密切的关系。因此，将BMI作为专项健康指标可以有效地将体力活动与健康联系起来，并且弥补综合健康指标所带来的偏差。

2. 体力活动

体力活动分析系统较为复杂，总体来讲一共有三种体系：①三要素体系。体力活动的组成要素为频率、强度、时间。传统对于体力活动的分析是建立在这三者乘积的公式基础上的。②代谢复合当量（Metabolic Equivalent Tasks，MET）分析体系。③能量消耗分析体系[174]。

体力活动分析具体的测量方式包括自我分析和客观测量两种。前者是通过回答设计好的问卷以及量表来测量个人体力活动，非常适合大样本的流行病学分析研究；后者使用某些设备如心率仪、测步仪、里程仪等进行测量，随着近些年穿戴设备及手机的普及，结合GPS对人的行为进行追踪也成为一个较为常用的测量手段，客观测量方式耗时较长并且单位成本较高。

基于以上分析，本书主要依据代谢复合当量体系，采用自我分析量表的方式来分析体力活动水平。其中，分析量表采用的是国际体力活动问卷（International Physical Activity Questionnaire，IPAQ）。该量表由国际体力活动委员会开发，并且已经通过12个国家的效度和信度检查。它根据强度及类型对人的体力活动进行分类。例如，被调查者除了要说明运动类型外，对于运动强度应有描述，如"这种运动让你呼吸急促难以同时说话"；如果运动强度一致，运动类型可以被统一，比如一个人一天内做了2小时的园艺活动和慢跑1小时，两者运动强度描述一致，则可以被认为是一天一共做了3小时的同等程度的体力活动（表5-3）。

IPAQ分为长卷和短卷两种，考虑被调查者方便回答，本章采用的是短卷方式。其中一共有7道题，从体力不活跃水平、中等强度体力活跃水平、剧烈强度体力活跃水平和步行四个方面，对人体力活动的水平进行评估。

其评分系统根据人的单位新陈代谢总量来计算（METs）。MET是以体重60kg的成人每分钟休息时候的新陈代谢总量作为基准的单位，根据国际体力活动量表将各种体力活动量统一换算成新陈代谢量，如步行的是3.3METs，跑步的是4.0METs，篮球比赛的可以达到8.0METs。

最终，在体力量表中将各种不同体力活动的新陈代谢量叠加（总活动量=剧烈体力活动量+中等强度体力活动量+步行活动量+静坐活动量），可以得到被调

体力活动强度与对应的活动形式   表5-3

一级分类	二级分类	三级分类	具体活动形式	体力活动强度判定
康体健身活动	器械类	器械类	器械健身、乒乓球、排球	H, M
		场地类	羽毛球、毽球、跳绳、响鞭、陀螺、空竹	H, M
	肢体类	武术类	太极、武器、气功	M
		健身类	保健操、散步、伸展身体	M
文化休闲活动	体力休闲类	舞蹈类	跳舞、秧歌、广场舞	H, M
		亲子类	放风筝、遛狗	M
	脑力休闲类	游戏类	打牌、下棋	L
		观演类	乐器、演唱、看电影	L
社交类活动	—	个体类	聊天	L
		集体类	集会、演讲	M, L
休憩类活动	—	阅读类	看书看报	L
		观察类	旁观、赏景	L

注: H指高强度体力活动，M指中强度体力活动，L指低强度体力活动。

体力活动水平的标准   表5-4

高	1）剧烈体力活动至少3天并且新陈代谢量累计达到1500METs; 2）一周7天，每天都有不少于10分钟的体力活动，且总新陈代谢量不少于3000METs
中	1）至少3天剧烈体力活动且每次不少于20分钟; 2）至少有5天中等体力活动或者步行，并且每次不少于30分钟; 3）至少5天每天都有不少于10分钟的体力活动，所有新陈代谢量不少于600METs
低	不满足前两项标准

注: 1. 典型活动类型仅代表可能带来某种强度体力活动水平的活动类型，实际情况也可能是多种强度类型体力活动混合在一起发生，满足一定的频率和时间而达到某种强度的体力活动。
　　2. 来源于IPAQ评分表。

查对象一周内总的新陈代谢量，从而反映其一周内体力活动水平。体力活动水平根据新陈代谢量的大小可以分为低、中、高三种程度（表5-4）。

5.2.5　绿色开放空间设计的评价方法

1. 点性基本设计要素

点性基本设计要素包括了设施种类、运动健身设施数量、公共服务设施数量和出入口数量。其中，设施种类通过两个访问者对于现场的勘察情况进行评价，根据设施种类涵盖的全面性采用李克特量表4分值计值，其中1分代表不足，2分代表一般，3分代表较多，4分代表充足。实验员根据预先准备好的设施清单对应每个公园绿地逐一核对，最后统一计分。设施清单包括了休憩设施、休闲娱乐设施、运动健身设施和公共服务设施这四大类，每类进行了具体细分。

运动健身设施包括了健身器械和运动场地两部分，其数量根据现场勘察进行拍照和统计。健身器械以每一组为单位，反映使用者实际的使用状况；运动场地以每一块为组，其上的运动器械如篮球场上的球筐等并不另行统计。考虑到调研的场地大小有一定差异，为了保证数据的可比性，最后分析时采用密度而非直接数量。

公共服务设施的数量与运动健身设施数量一样，采用了成组统计的原则，它包括了建筑、场地和设施三部分。建筑如卫生间、餐厅，根据每个单元进行统计；场地根据每块进行统计，其上的遮阳、座椅等设施不另行统计。

出入口数量根据现场勘察和图纸进行统计，仅统计使用者可以步行通过的出入口，不包括纯粹机动车使用或者消防要求的出入口，对于较大的多个门洞组成的出入口按照成组统计的原则计算。

2. 线性基本设计要素

根据第4章分析，线性基本设计要素主要包括了步道长度、步道结构类型和步道材质。步道长度根据图纸测量的实际长度计算，但是不包括与机动车混行的步道长度。考虑到机动车场地大小有所区别，最后采用步道密度这一指标，以保证数据之间有可比性。步道结构类型根据图纸获得，通过几何拓扑的方法将其抽象成由环状、放射状、自由状、带状四种基本模式组合形成的结构模式类型。步道的材质根据步道是否做了防滑处理分成四个等级，并根据李克特量表3分制进行赋值。防滑材质计3分，一般材质计2分，光滑材质计1分。该部分根据现场勘察和拍照结果由两名研究人员经一定训练打分予以评价。

3. 面性基本设计要素

面性基本设计要素包括了可活动区域和景观区域。可活动区域是指使用者可以进入、停留以及展开各类体力活动的区域，它以硬质铺装为主，但也包括了部分绿地、塑胶场地、滨水栈道、构筑物等，这部分结合图纸根据现场勘察获得。景观区域是指其他使用者难以进入展开活动的区域，这部分以景观绿化用地为主，也包括了部分水域、坡地和人工小品等，这部分也根据现场勘察结果获得。考虑到场地大小的差异，对于以上两个二级指标采用比例而非实际面积大小进行统计。

5.3 绿色开放空间设计与体力活动的关系

5.3.1 点性基本设计要素与体力活动

1. 设施种类与体力活动

盘门绿地、惠济桥绿地、干将桥绿地、糖坊桥绿地作为街区级绿地，其设施布置较为接近，并且由于2015年环古城河健康步道的建成，其内部运动健身设施和公共服务设施齐备，经过系统规划，旨在鼓励使用者通过对于这些设施的使用强身健体。湖滨公园、水巷邻里绿地、望湖角公园的设施布置较为接近，有着较为完备的水岸和景观设施。桂花公园、红枫林公园和金姬墩公园的设施布置较为接近，三个公园在出入口都有导览图和无障碍导览图，并且与商业服务设施联系紧密，内部散布着茶社、咖啡厅等，在下午吸引大量附近居民的使用（表5-5）。

虽然初次调研预判中认为设施种类的完备程度应该与居民的体力活动水平有着密切联系，因为按照常识判断越是设施完备和丰富的公园绿地越容易吸引使用者到达，并且激发其进行中等强度及以上体力活动的欲望。然而本次研究中并没有发现这种趋势，例如，惠济桥绿地设施种类评分为4，表明设施十分完备，然而其使用者的平均IPAQ值仅为3451.7METs，表明其平均体力活动水平在所有研究场所中处于一个较低标准。

设施的分布   表5-5

一级分类	二级分类	C1	C2	C3	C4	C5	C6	C7	C8	C9	C10
休憩设施	长椅	◆	◆	◆	◆		◆	◆	◆	◆	◆
	树池座凳	◆		◆		◆	◆	◆	◆	◆	◆
	亭	◆	◆	◆	◆			◆	◆		◆
	榭			◆			◆	◆	◆		
	廊				◆	◆	◆		◆	◆	
	花坛	◆	◆	◆	◆		◆	◆			◆
娱乐设施	沙坑						◆	◆		◆	◆
	滑梯					◆		◆		◆	◆
	观景台	◆		◆	◆	◆	◆	◆	◆		
	鸟笼架	◆	◆		◆		◆	◆			

续表

一级分类	二级分类	C1	C2	C3	C4	C5	C6	C7	C8	C9	C10
娱乐设施	旋转木马					◆			◆		
运动健身设施	健骑机	◆	◆	◆	◆			◆		◆	
	太空漫步机	◆		◆	◆			◆	◆		
	单双杠	◆	◆	◆			◆			◆	◆
	秋千	◆					◆	◆		◆	
	手爬梯	◆	◆	◆				◆		◆	
公共服务设施	健身告示牌	◆		◆			◆	◆			
	卫生间	◆	◆	◆	◆			◆	◆		◆
	报刊栏	◆					◆	◆		◆	
	茶室			◆			◆			◆	◆
评分		3	2	4	4	2	4	4	3	2	1

类似的是红枫林公园，虽然其设施种类评分仅为1，表明其种类较为单一，然而其使用者的平均IPAQ达到了3653.7METs，这在整个研究中算是一个较高的水准，表明其使用者体力活动水平都较高（图5-5）。

2. 入口数量与使用者体力活动

除了桂花公园作为城市公园其北侧有一道围墙，其余所有被研究的场所都没有围墙，但是大部分都有明确的步行入口，其中入口数量最少的是糖坊桥绿地，这是由于其狭长并且不临路所导致，两端各有一个步行入口。相比环古城河景观带的绿地，金鸡湖景观带上的公园绿地的出入口数量明显增加，其中最多的是红

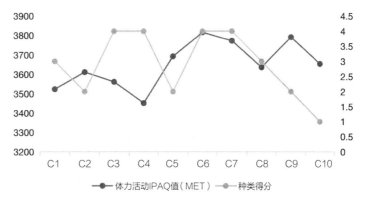

图5-5　研究案例中使用者平均IPAQ和BMI值

枫林公园。其四面沿路，共有12个步行入口。另外，调研中也发现了大部分公园绿地做到了人车分流，步行出入口和车行出入口严格分离，仅干将桥绿地局部有所交叉。研究将出入口数量与不同水平体力活动者的数量进行了Pearson相关性分析，并没有发现显著的相关性联系（表5-6），这与之前的调研和假设相反，说明出入口数量多少并不能显著影响使用者体力活动水平。

设施数量与不同体力活动水平人数相关性分析　　　　表5-6

项目	低水平体力活动人数	中水平体力活动人数	高水平体力活动人数
入口数量	0.114	0.212	0.431
公共服务设施数量	0.512*	0.241*	0.613
运动健身设施数量	0.492	0.521**	0.497*

注：**指在0.01水平上显著，*指在0.05水平上显著。

3. 公共服务设施数量与体力活动

所调研的绿色开放空间中公共服务设施数量有以下特征：首先，金鸡湖景观带的平均设施数量要高于环古城河景观带，即使排除了用地面积上的差异这种特征依然存在。其次，公共服务设施的数量与低水平体力活动者人数有着显著的关联性（R=0.512，p=0.005），虽然与中水平体力活动者人数有着关联但是比较微弱（R=0.241，p=0.032），由此可以推断出公共服务设施对于中低水平体力活动有着一定支持性。从实地观察的结果来看，公共服务设施数量较多的地方，休息、聊天、下棋等低强度活动的人数也较多。

4. 运动健身设施数量与体力活动

所调研的绿色开放空间中运动健身设施数量也呈现了与公共服务设施类似的特征，也就是金鸡湖景观带设施的平均数量要高于环古城河景观带，即使排除了用地面积上的差异，这种特征依然存在。

前者的运动健身设施主要以场地为主，如篮球场、羽毛球场等；后者主要以健身器械为主，如单双杠、宇宙漫步机等。环金鸡湖景观带上的公园绿地普遍配建了相应的儿童游戏场地，但是环古城河景观带的调查场地则没有这一特征。从Pearson相关性分析的结果来看，运动健身设施的数量与中高水平体力活动者人数都有着显著的关联性。从观察结果来看，其中健身器械多或者运动场地多的公园绿地往往有更多锻炼和健身的人群，在环古城河景观带的研究场所中健身器材使用占比较高，而环金鸡湖景观带的则是运动场地使用占比较高（图5-6）。

P 停车位
S 服务设施
E 休闲设施
⇩ 出入口

图5-6　桂花公园公共服务设施和运动健身设施分布

5. 体力活动的空间分布特征

（1）空间分布特征一：入口节点、广场节点、建筑周边对于低水平体力活动者吸引力较大。

根据现场发放问卷和进行半结构式访谈的结果发现，人群喜欢在主入口和广场周边、建筑旁边进行休息、聊天等休憩活动。具体来说：盘门绿地的主入口结合了一个游客集散广场，并伴以拱桥和水榭，成为出入园区的人们聊天、休憩的重要场所，很多使用者会在这里观望、赏景、照相。金姬墩公园入口利用若干树池形成了一个入口轴线广场面向对面街道，会有使用者坐在树池边上聊天。

在亭、榭、花架、临水平台附近也有较多的低水平体力活动人群，同一类休憩设施在不同时间所进行的休憩活动也不同，如在桂花公园靠近环古城河的一排茶亭中，早上围聚的多是喝茶聊天的人群，傍晚时分则多是下棋打牌的聚集人群。

（2）空间分布特征二：步道节点、广场节点、滨水节点对中等水平体力活动者吸引力较大。

根据现场调查结果，中等水平体力活动形式主要是散步，此外也有少量的太极拳、倒走、遛狗等活动，这些活动主要发生在滨水步道和一些围合性较好的广场节点。具体来说：盘门绿地中间有一健身步道贯穿东西，有着明确的标识和铺装并且没有岔路，是散步人群的主要路径。然而在桂花公园，北区和南区连通性不好，北区较多使用者围绕着主步道步行，另外在其中心广场有部分大人陪同儿童学习滑板。在湖滨公园和水巷邻里绿地，人们倾向于选择滨水步道散步遛狗，少部分人选择在湖滨公园中的农历广场进行太极拳等活动。

（3）空间分布特征三：锻炼设施和运动场所对于高水平体力活动者吸引力较大。

高强度体力活动形式包括慢跑、球类活动、打羽毛球、器械类运动等，其发生的场所主要在有遮阴的广场、器械设施附近以及运动场地旁边。具体来说：盘门绿地进行健身和运动的人群主要集中在健身步道旁边的若干成人健身器材场地。再如，红枫林公园的东北侧布置有儿童健身和游乐场，因此有攀爬和玩滑梯的儿童以及利用器材健身的中老年人，但是由于公园规划缺乏成人健身器材，总体上运动类高水平体力活动人数比例较低（图5-7）。

另一类高水平体力活动者愿意聚集的区域是没有健身器材的广场，这类广场一般不大，但是更加幽静，隐私性更好，运动人群倾向于舞剑、徒手健身操等，如金姬墩公园入口广场。在面积较大且开放程度更高的广场上，团体类活动如广场舞更加受欢迎。从现场观察可以发现，不同团体之间会保持一定距离，根据团

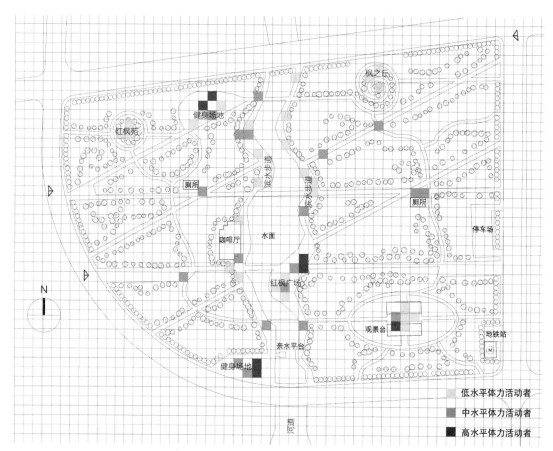

图5-7　红枫林公园中不同体力活动水平使用者分布

体人数多少占据着广场不同的区域，之间又和低水平、中水平体力活动者交叉，形成多个看与被看的关系。然而在干将桥绿地靠近主干道的地方，由于树池和树阵不规则散布，使得场地破碎化，影响了活动的展开。

不少高水平体力活动者喜欢在林子边缘进行活动，一方面可以遮阴防晒，一方面可以近距离接触自然。例如，在盘门绿地北侧，使用者在有限的林地和城墙之下的一片空地开创出一个舞台，数十人一起锻炼广播操。儿童较为喜欢利用草坪奔跑游戏，陪伴的成人一般会在草坪上简短逗留。

5.3.2 线性基本设计要素与体力活动

1. 步道密度与体力活动

将步道密度与不同水平体力活动的人数比较分析发现，步道密度与中等水平体力活动人数有着正向关联（R=0.341，p=0.02，表5-7），考虑到步行类活动是绿色开放空间中等体力活动的主要体现形式，也是在步道上展开活动的类型，因此可以说步道密度的提高能够促进步行类活动的提高（图5-8、图5-9）。但是通过回归分析发现，两者没有明显的拟合关系，这表明在本次实例研究中，虽然步行道密度提高有助于中等体力活动水平的提高，但不是其主要变化的原因。

步道密度与体力活动水平人数的相关性分析　　　　　　　　　表5-7

	低体力活动水平人数	中体力活动水平人数	高体力活动水平人数
步道密度	0.341 0.210	0.341 * 0.020	−0.312 0.131

注：*表示在0.05水平上显著。

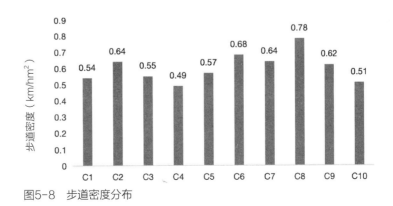

图5-8　步道密度分布

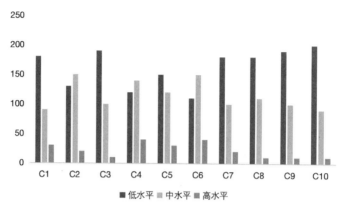

图5-9　不同水平体力活动使用者分布

2. 步道结构与体力活动

步道结构对于中等水平体力活动人数有着影响，实地观察表明步行是这些使用者最普遍的活动方式，环状有岔路的步道结构吸引的步行者最多。

通过比较10个研究场所的拓扑步道结构及不同水平体力活动人数可以发现，步道结构与中等体力活动水平人数有一定关系，这也从侧面反映了步道结构与步行活动的关系。散步既是在公园绿地中最典型的休闲活动，也是一种典型的中等水平体力活动。

步道结构可以包括网格状、环状、复环状、线状以及混合状，其中环状和复环状对于步行活动的促进作用最为明显，其次是网格状和线状。人数较多的几个公园绿地主要是环状结构及其变体，其中网状结合环状结构的红枫林公园的人数最高，其步道结构除了主要的环形结构，也包括了复环结构。这说明环状结构有利于促进中等水平体力活动。步道结构也解释了某些公园绿地的步道密度较高但是其使用者体力活动水平较低的原因，这与之前推断步道密度并非步行活动的决定因素的结论相符。

3. 步道材质与体力活动

调研的绿色开放空间主要的步道材质为地砖，大部分经过防滑处理，但是有些存在砌筑质量导致不平整的问题。环古城河景观带由于健康步道的建设采用了大量柔性沥青路面辅以塑胶场地，十分适合慢跑和疾走。金鸡湖景观带则大量使用了石材和仿石材地砖，在滨水地带大量使用木甲板地面，十分适合散步。少量的步道采用了卵石和碎石地面，虽然视觉上比较突出但是步行感不是很舒适。通过对比步道材质得分和使用者的体力活动IPAQ值发现，两者并没有显著的关联性（图5-10），这与之前的调研和假设相反。可能的原因为，所研究的场所步道

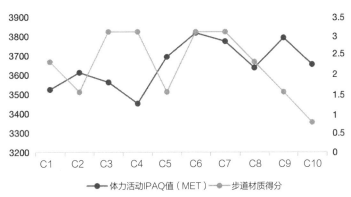

图5-10 步道材质与使用者IPAQ值的比较

材质都以地砖为主，材质得分相似，难以展现与IPAQ的关联性。

除了步道材质，其他步道品质也会对步行活动产生一定的影响。沿路的绿地空间树荫率、开敞程度的变化也可能对于步行速度产生影响。环古城河景观带的树荫率较高，但是空间偏封闭，沿路有着丰富的视觉变化，有利于增加空间的趣味性，步行者不时驻足观看。环金鸡湖景观带的步行道则开敞度较高，给人一览无余的感觉，使用者的步行速度普遍较快。

5.3.3 面性基本设计要素与体力活动

1. 可活动区域比例与体力活动

根据现场调研，绿色开放空间可活动区域的主体是硬质铺装部分。在环金鸡湖景观带的公园绿地中，这个比例有一定程度下降，原因是其部分草地也被设计成遛狗、散步的空间。在环古城河景观带则拥有着大量的模糊区域（图5-11），这些区域既不属于可活动部分，同时外观也很杂乱，可以看到堆放的杂物，因此也不属于景观区域。

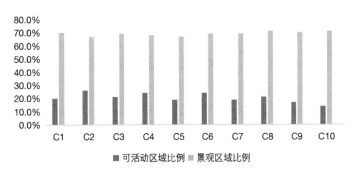

图5-11 可活动区域和景观区域比例分布图

根据相关性分析结果可知，可活动区域比例与中等水平体力活动人数有着正相关性（R=0.442，p=0.002）。这表明随着可活动区域增加，进行散步、遛狗、打太极等活动的人数会增加（表5-8）。但是并没有发现两者之间的因果关系，因此仅能证明两者的相关性联系。

区域比例与体力活动人数的相关性分析 　　　　　表5-8

	低体力活动水平人数	中体力活动水平人数	高体力活动水平人数
可活动区域比例	0.431 0.210	0.442** 0.002	−0.312 0.131
景观区域比例	0.372** 0.007	0.341 0.081	0.431 0.982

注：**表示在0.01水平上显著。

水巷邻里绿地有着较高的可活动区域比例，其可活动区域围绕着中心的圆形儿童水上乐园展开，傍晚可以看见大量围绕着水上乐园散步的群众，很多是家长带着儿童一起游憩，可活动区域的增加首先就提供了可供活动区域的容量。不同公园绿地由于景观区域和活动区域的布局和比例不同，其使用人群的体力活动水平分布也有所不同，以桂花公园（C1）为例，它由三个广场按照一定秩序组合在一起，北侧有儿童游戏场地，南侧是老人晨练场地，入口处则有桂花剧场和报刊阅览处，整体形成了不同人群的动静活动分区（图5-12）。

2. 景观区域比例与体力活动

根据图纸勘察发现，环古城河公园绿地的景观区域比例要高于金鸡湖景观带比例，部分原因是后者有着大量的广场和沿湖栈道，并且其步道和硬质铺装尺度

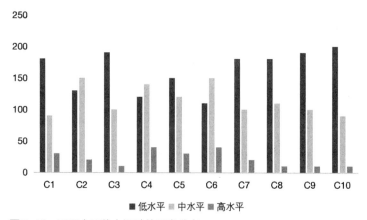

图5-12 · 不同水平体力活动使用者分布

也较大。

根据相关性分析的结果可知，景观区域比例与低水平体力活动人数有着正相关性（R=0.312，p=0.007），随着景观区域的增加，进行休息、聊天、打牌等活动的人数会增加。人们这时候更加倾向于欣赏风景和享受阳光，并且随着绿化的提高，使用者可以进行活动的场地变少，因此更加倾向于坐下来或者减少活动范围。这时使用者获得健康益处的途径以被动接触为主，更容易产生压力缓解、情绪提高等健康效用，这符合之前恢复性环境作用研究所表明的绿化率与某些心理健康效用的正相关性。

5.4　体力活动与健康水平的关系

5.4.1　描述性分析

1. 体力活动

体力活动水平的描述是根据IPAQ的量表值完成的，它根据使用者每周完成的低强度、中等强度和高强度体力活动时间来推算出每周总共的体力活动新陈代谢量（表5-9）。其使用者平均每周的体力活动值为3651.04METs。这与美国运动医学学会所要求的"每周参加5次中强度有氧运动且每次不低于30分钟，或者每周3次高强度有氧运动且每次不低于 20 分钟"所得到的3750METs有一定差距。

从人群组成来看（图5-13、图5-14），在高水平以上的体力活动人数最低，满足条件的共有320人（10%）；其次是中水平体力活动人数，为1100人（37%）；最多的是低水平体力活动人数，共有1580人（53%）。

体力活动水平的分类　　　　　　　　　　　　　　　　　　　表5-9

体力活动因变量	均值±标准差（MET）
过去一周的中等强度体力活动	114.23±212.97
过去一周的剧烈强度体力活动	16.21±46.32
过去一周步行体力活动	42.47±121.40
过去一周静憩体力活动	220.21±431.28

静憩体力活动=1.0 MET；步行=3.3METs；中等强度体力活动=4.0METs；剧烈强度体力活动=8.0METs

注：1. 以上仅针对使用者休闲时间的活动。
　　2. 本表改编自IPAQ。

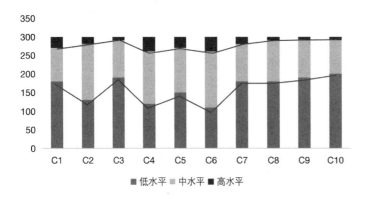

图5-13 不同研究场所中体力活动水平人数比例

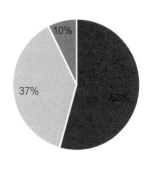

图5-14 总的体力活动水平人数比例

2. 健康水平

健康水平描述包括了客观健康水平描述——BMI和主观自评健康水平描述——SF-12量表（表5-10）。被调查者BMI的平均值为22.91（标准差1.286），根据亚洲成年人的BMI分类标准，属于正常标准偏高水平。根据SF-12量表的结果，被调查者的平均心理健康质量（MCS）值为75.68，平均生理健康质量（PCS）值为74.14，由此可知其总体心理健康水平要高于其生理健康水平，但是两者相差不大，这也反映被调查者对于健康的概念比较统一，并没有清晰的心理健康与生理健康分离。生理健康水平值略低，这与BMI的统计结果有一定程度的吻合。

健康与体力活动参数描述性分析　　　　　　　　　　　　表5-10

健康参数	BMI	SF-12	
		PCS（生理健康）	MCS（心理健康）
平均值	22.91	74.14	75.68
最大值	23.59	76.8	78.9
最小值	22.45	71.5	72.9
标准差	1.286	1.83	1.81

5.4.2 相关性分析

将体力活动水平IPAQ量表值与BMI、综合健康质量SF-12值比较发现：在绿色开放空间中，参与体力活动程度越高，越有可能获得更高的生理健康益处，有着较低的肥胖风险，但不会带来显著的心理健康益处。

从Pearson相关性分析结果来看，IPAQ与BMI有着较强的负相关性（R=
−0.455，p=0.002），考虑到样本的BMI普遍接近于超重，因此提高体力活动水平
对于抑制肥胖有着积极的作用（表5-11）。IPAQ与生理健康质量PCS有较为显著
的正向关联（R=0.311，p=0.021），这与之前的研究相符，提高体力活动量可降
低某些慢性疾病的发病率，如心脑血管疾病和糖尿病，并且能增强人的心肺功
能。IPAQ与心理健康质量MCS有着一定的负关联（R=−0.235，p=0.048），这个
结果与之前研究相反。BMI与生理健康质量PCS之间有着显著的负向联系（R=
−0.391，p=0.006），这表明随着BMI提高，人的肥胖相关健康风险增加，同时相
关的心脑血管疾病和糖尿病风险提高，这点与之前研究相吻合。然而并没有发
现BMI与心理健康质量MCS之间的联系，同时MCS与PCS之间也没有发现显著的
关联性。

体力活动和健康水平的相关性分析　　　　表5-11

	BMI	IPAQ	PCS	MCS
BMI	1			
IPAQ	−0.455** 0.002	1		
PCS	−0.391** 0.006	0.311* 0.021	1	
MCS	0.516 0.127	−0.235* 0.048	−0.487 0.153	1

注：*表示在Sig=0.05下显著；**表示在Sig=0.01下显著。

根据数据分析发现，体力活动水平越高的人，其肥胖可能性就越低，并且容
易有着更好的生理健康状态，但是并不一定会有较好的心理健康状态。

根据相关性分析，体力活动水平与BMI呈负相关，与生理健康质量PCS呈
正相关。根据调查者的IPAQ值，高水平体力活动人数为320人，中水平体力活
动人数为1100人，低水平体力活动人数为1580人。将他们的SF-12值、BMI值
与体力活动水平比较可发现：随着体力活动水平的提高，使用者整体的PCS水
平在提高，使用者整体的BMI在下降，但是没有发现与心理健康质量MCS的关
系。另一方面也发现，中高水平体力活动使用者的BMI和PCS的差距比中低水平
体力活动使用者的要小，也就是说生理健康的差异主要体现在从低水平体力活
动者向高水平体力活动者过渡，一旦进入高水平区间，其BMI和PCS的差别会
变小。

5.5 绿色开放空间的研究和设计启示

5.5.1 研究启示

1. 体力活动的空间分布

绿色开放空间的点性设计要素可以通过场地和设施的类型布局来影响使用者的体力活动偏好，进而影响其体力活动水平。其影响特征包括以下三点。

（1）低水平体力活动者主要集中在入口节点和广场节点的休憩和娱乐设施周边。其主要活动类型是聊天、喝茶、下棋、打牌。并且，这些节点容易出现人看人的现象，从而制造出问路、熟人会面等社会交往的机会，促使低强度体力活动的发生。

（2）中水平体力活动者主要集中在步道与广场节点的交汇处、滨水节点处。其主要活动类型是散步、倒走、打太极拳。使用者普遍喜欢在有一定树荫并且有着良好景观视野的节点进行这类活动，但是动静分离也很重要。桂花公园的使用者反映主要的中心绿地节点处"音乐太吵，心脏受不了"，因而选择较为偏僻的城墙角落进行锻炼，这也反映出并不是所有的节点都会有利于健康，不合理的布局会影响使用者的体验并造成对健康的负面影响。

（3）高水平体力活动者一般聚集在运动健身设施附近，主要利用器械进行身体柔韧性和力量性锻炼，在一定的运动场地进行球类运动。另一类高水平体力活动者愿意聚集的区域是没有健身器材的广场，这类广场一般不大但是更加幽静，隐私性更好，运动人群倾向于舞剑、健身操等。不少高水平体力活动者喜欢在林子边缘进行活动（图5-15），一方面可以遮阴防晒，一方面可以近距离接触自然。随着体力活动强度的增加，使用者对于场地的依赖性加大，并且对于隐私性和其他环境要素带

图5-15 苏州环古城河健身步道上的健康标识

来的干扰更为敏感。

2. 绿色开放空间点性基本设计要素与使用者体力活动的关系

通过对比设施种类、运动健身设施数量、公共服务设施数量和使用者体力活动水平值发现，整个结果并没有呈现出此前调研时的预判。

（1）丰富的设施种类并不能促进使用者体力活动水平。根据实证分析，设施种类的丰富程度与使用者体力活动值没有显著的关联性，像红枫林公园（C10），设施比较单一，但是其使用者的体力活动IPAQ呈现较高水平。其可能的原因是真正可以提升使用者体力活动水平的设施只是特定的种类而非整体的丰富度，而下面公共服务设施和运动健身设施数量与体力活动水平的关系则印证了这一解释。

（2）运动健身设施数量与使用者中高水平体力活动有关。所研究场所中的运动健身设施数量与使用者中水平（R=0.521）和高水平（R=0.497）体力活动有着显著相关性。健身器械数量的提高可以促进使用者参与健身的可能性，而运动场地的设置可以促进使用者进行更加剧烈的体育运动，如打篮球、打羽毛球等。同时，两者相关性系数的差异也显示出，所调研的场所中健身器械的数量要多于运动场地的数量，这在环古城河景观带尤其明显。

（3）公共服务设施数量与使用者中低水平体力活动有关。两者具有显著的相关性（R=0.512），可能的解释是随着公共服务设施数量的增加，喜欢打牌、休息、闲谈的使用者会增加，这些服务设施除了满足普通休闲活动的需求外，对于静态类休闲活动有着放大的功效。

（4）出入口数量与使用者体力活动水平无关。两者并没有发现显著的相关性联系，由于所有被研究的公园绿地都位于市区可达性较好的地方，出入口数量的增加并不能提高使用者进行体力活动的需求。

3. 步道与体力活动

在绿色开放空间中，中等水平体力活动主要是指步行类活动，根据现场调研，它包括了快走、慢跑、倒走、遛狗这四种形式。根据之前的研究，步行类活动受到了步道密度、步道结构和步道材质的多重影响。

（1）步道密度对于使用者中等体力活动有着显著影响。通过分析步道密度和IPAQ发现，中等体力活动水平与步道密度呈现一定的正向相关性，但是没有拟合关系。可能的原因是：绿色开放空间中进行的主要是闲暇类步行活动，它与使用者交通型步行活动不同，这类活动对于空间品质要求更高，仅仅提高步行道的长度并不能促进这类步行活动的展开，步行环境的品质如沿路的绿地空间树荫率、开敞程度的变化、步道的宽度和铺装等会对这类活动产生更大影响。

（2）步道结构类型对于中等水平体力活动有着明显的影响。基于图底转换和拓扑分析发现，所调研的绿色开放空间中步道结构主要包括三类：环状、线状、网络状。环状步道结构，中等水平体力活动者的数量最高，其次是网络状，线状结构的人数最少。不少受访者参与了竞走团，他们喜欢在环状路网结构的公园绿地中竞走，其原因是便于计算里程以及不走回头路。这说明步道结构的拓扑形态会影响对于步行活动的支持程度，它也解释了某些公园绿地的步道密度较高，但是使用者体力活动水平较低的原因。因此可以推断，步道密度并非步行活动的决定因素，步道结构是影响步行活动的重要因素。

（3）步道材质与使用者体力活动关系不明显。并没有发现步道材质与使用者体力活动有着显著的关联性，可能的原因是：所研究的场所步道材质都以地砖为主，很难发现其与体力活动水平的关联性。但是现场的勘察注意到，步道的其他品质对于步行类活动也会带来一定影响，如树荫率、开敞率和休息设施的设置。

4. 活动区域与景观区域

绿色开放空间的主体包括可活动区域和景观区域，这两者所占的比例对于体力活动有着一定影响。从研究的结果来看，可活动区域比例与中等水平体力活动人数正相关（R=0.442，p=0.042），景观区域比例与低水平体力活动人数正相关（R=0.312，p=0.070），没有发现高水平体力活动人数与区域的关系。

（1）绿色开放空间中景观区域比例与低水平体力活动有关。根据半结构式访谈的结果，人们更加喜欢在有绿化的地方休息和与人交流。因此，随着绿化等软质面要素比例的提升，低水平体力活动的人数会上升。然而根据美国疾控中心的日常体力活动指导手册，低水平体力活动并不会给使用者的肥胖相关问题带来显著改善。因此景观区域比例的提高并不会通过体力活动水平来产生较多的健康益处。

（2）绿色开放空间中硬质铺装面积比例与中水平体力活动有关。中水平体力活动需要有一定的支持活动的硬质场地和路径，随着广场、步行道等硬质铺地面积的提高，进行中等水平体力活动的人数会上升。但是访谈中，人们也表示不喜欢在完全光秃秃的空地上活动，更倾向于在与绿化有着良好围合关系的硬质铺地上进行活动，因此保证活动场地与景观区域的良好关系是通过增加活动区域比例来提高使用者体力活动水平的前提，这也解释了绿色开放空间中的活动区域比没有绿化的活动场地更加有吸引力的原因。

5. 体力活动与健康水平

（1）提高体力活动水平可以显著带来控制肥胖方面的益处。该结论与之前研究相符[48]，促进体力活动水平可以增加能量的消耗，以此来控制体重，并且随着体力活动强度的提高，它带来的健康益处更为明显。通过体力活动量表（IPAQ）和健康调查量表（SF-12）考察了所选择研究场所中使用者体力活动水平与其健康之间的关系，发现体力活动与使用者的BMI（R=-0.455，p=0.002）和生理健康水平（R=-3.91，p=0.006）有着正向关联性。这与之前的研究相符。

（2）体力活动带来的健康效用主要体现在生理健康方面。体力活动水平与生理健康质量呈正向关联性，这与之前的研究也相符合。规律的体力活动可以平衡代谢及生理体征，从而降低慢性疾病的发病率，可以平衡血压、降低胰岛素高耐受性、平衡高血脂及黏稠度、控制低高密度胆固醇血浓度（HDL-C）等，控制这些生理体征可以有效降低过早死亡、中风、心脏病、高血压、糖尿病、大肠癌的发病率，从而提升人的生理健康质量。

综上表明，提高使用者体力活动水平有利于增加其与肥胖相关的生理健康益处。然而，在所有调查人群中，达到高强度体力活动水平的人数比例最小，仅为10%左右；低水平体力活动者却占到超过一半，为53%。这表明，目前绿色开放空间在通过促进体力活动来提升健康益处方面仍有较大的上升空间。

（3）提高体力活动水平的有效途径是提高活动强度。美国运动医学会（The American Collage of Sports Medicine，ACSM）1978年建议成人需要达到每周至少3次中等强度以上的体力活动（活动平均心率是最大心率值的60%~90%），才能给身体带来健康效果。而低强度的体力活动与静态生活方式关系紧密，静态生活方式则容易导致多种与肥胖相关的慢性疾病发生。

考虑到公园的使用人群以老年人居多，其体力和耐力有限，并不全部适合进行高强度体力活动，鼓励其进行中等强度的体力活动应该是一个比较现实的方式。因此，如何通过合理的设计和布局来更好地支持较高强度的体力活动应该是提升绿色开放空间健康效用的一个途径。

5.5.2 设计启示

本研究从实证角度讨论了绿色开放空间设计与使用者体力活动的关系，发现了不同基本设计要素对于使用者体力活动的影响，根据研究成果建议绿色开放空间设计在满足文化、功能和美观的基础上，对其体力活动促进予以重视，并以点性、线性和面性基本设计要素对使用者体力活动影响的研究为依据，提升绿色开放空间的健康促进作用。根据研究结果，提出了绿色开放空间设计的几点建议。

（1）绿色开放空间中应加强运动健身设施和场地的布置。增加健身器械和运动场地都有利于促进使用者中高水平体力活动，其中增加运动场地的作用更加明显。同时，考虑到使用者的年龄组成，对于以老年人为绝对主体的旧城区绿色开放空间，采用化整为零、分散成组布置健身器械是一个可行的方式。对于年轻人比重较高的新城区绿色开放空间，围绕一个到多个运动场地打造运动健身集合也是促进体力活动水平的一个好的选择。

（2）公共服务设施应尽量贴近运动健身设施布置。远离运动场地和健身设施的公共服务设施无法起到促进体力活动的作用，并且容易降低使用者的体力活跃程度。将公共服务设施围绕或者结合运动健身设施布局，有助于延长使用者体力活动的时间以及增加使用频率。

（3）优化步道结构，尽量采用环状或者网络状步道结构。在保证步道长度达到一定比例的同时，尽量采用主次分明的环状或者网络状结构，防止使用者走回头路，同时采用多层次复合的步道构架，为不同身体状况使用者提供不同的环路选择。

（4）提高可活动区域比例。一定程度提高绿色开放空间的硬质铺装以及可以供人进入使用的草坪和林地的比率，有助于提高使用者开展步行、倒走、打太极等中等强度活动。可活动区域的比例可以结合地形和植被设置，但提高可活动区域比例的前提是保证一定的景观区域和绿视率。

本章小结

本章探讨了绿色开放空间设计与体力活动的关系，以苏州市区10个公园绿地为研究对象，通过比较其基本设计要素与使用者体力活动的关系为设计与健康的研究提供基础。其中，基本设计要素通过现场勘察、问卷调研和图纸分析获得，体力活动水平通过国际体力活动量表IPAQ获得，使用者健康信息通过BMI和健康调查量表SF-12获得。研究结论如下。

（1）绿色开放空间通过对使用者体力活动的影响所产生的健康效用主要体现在控制肥胖和提高生理健康质量，并且随着体力活动水平的提高，其健康效果愈加显著。但是并没有发现促进体力活动对心理健康也产生类似效果。

（2）绿色开放空间点性基本设计要素与使用者体力活动的显著相关性体现在其运动健身设施数量、公共服务设施数量上，并未发现出入口数量、设施种类与体力活动水平的关系。其中，运动健身设施数量与中高水平体力活动者人数有着正向关联性，公共服务设施数量与中低水平体力活动者人数有着正向关联性。

（3）绿色开放空间线性基本设计要素与体力活动的关系体现在其步道密度和步道结构类型方面，并未发现步道材质与体力活动的关系。其中，步道密度与中水平体力活动者人数有一定正向关联性，环状有岔路的步道结构吸引的步行者最多，其次为网络状步道结构。

（4）绿色开放空间面性设计要素与使用者体力活动的关系体现在其可活动区域和景观区域的比例上。其中，可活动区域比例与中水平体力活动者人数有着一定相关性，景观区域比例与低水平体力活动者人数有着一定相关性。

第 6 章

绿色开放空间设计
与使用者健康的
实证分析

6.1 现有研究概括

6.1.1 康复性景观导向的研究与设计

绿色开放空间具有自然景观属性，可以对人的身心健康产生积极作用，部分研究将其作为康复性景观类型的拓展，研究其对于使用者的健康益处。基于此，对于绿色开放空间规划设计的研究应是构建完善城市绿色开放空间康复作用体系的一部分。绿色开放空间内涵盖的自然景观范围较广，包括市域内由人工或者自然植被所覆盖的区域，主要为公园、景观绿地、防护绿地等。绿色开放空间包括了不同的景观要素和空间类型，探求不同种类绿色开放空间的健康效益是康复性研究的重要组成部分，并非所有的自然景观都能带给使用者健康益处，即使产生健康益处也会有着程度上的差异。目前针对这种康复差异性研究的路径包括：绿色与人工设定的对比；不同绿度的对比；景观类型的对比。

1. 绿色设定与人工设定

将绿色设定与人工设定所带来的健康益处进行对比，发现前者可以带来更好的康复效果，后者带来的康复效果有限甚至是负面的，由此可知绿色开放空间比其他类型人工化开放空间更加有益于身心健康。如Ulrich著名的医院窗外视景对比试验，看着树木的病人比看着砖墙建筑的病人有更快的恢复时间和更少的止疼药用量。又如看到开阔的林地比看到城市图像更加使人心情平静。观看森林和湖泊的图像比观看商业街区的图像更能让人情绪改善、焦躁减轻。办公室立面有草木植被可以使得职员有着更好的专注力和工作效率。

2. 不同绿度空间的比较

将绿色开放空间按照自然景观比例的不同来划分绿度，分析绿度与使用者身心健康效益的关系，其结果往往是随着绿度的提高，使用者可以获得更多的身心健康益处，这可以从侧面说明绿色开放空间中的自然景观要素是其恢复性特征的主体。

研究发现，在窗外可以看到的绿度和自然景观越充沛，被调查者往往越有好的精神和心理健康状态，居民的居住地附近森林、公园绿地和湖泊的比例越高，长期居民的认知能力就会相对较高，其精神疲劳水平会下降，社会适应和安全感会提高。另一方面，随着社区的绿色开放空间比重增加，居民对自我的健康评价会上升，年轻人的自律程度会提高，攻击性行为会减少，处理矛盾的能力提高并且生活充满希望。在工作环境中，无论室内室外，随着绿视率的提高，员工的舒适度、喜悦度和幸福感会提高，焦虑程度会下降。

3. 不同类型空间的比较

将绿色开放空间按照景观性质进一步划分，试图证明不同类型自然景观要素对人健康的差异性，例如将滨水、山地和丘陵地区的绿色开放空间进行对比，发现前者可以使得情绪更加积极，后者可以使人情绪放松，α脑电波增高。将森林、城郊别墅区和市中心的绿色开放空间进行对比，发现前两者的生理反应好于市中心，森林的免疫反应低于城郊别墅和市中心。将单纯的城市图像和城市背景下修剪成圆形和锥形树冠的树林、城市背景下浓密树冠的森林场景进行对比，发现后两者给观赏者更积极的情感反应，而观看最后一种场景可以产生更低的血压值和积极的情绪。

以上的研究侧重于将绿色开放空间作为本体，使用者作为客体，强调本体类型或者配置的不同会对客体产生怎样的健康效用差异，从而往往得出绿度越高、自然景观比重越大，则会产生越好的健康效用的结论。但这往往忽略了人本身的复杂性和能动性，简化了研究问题。

6.1.2 绿色开放空间促进体力活动

1. 健康益处

绿色开放空间是居民尤其是老人进行户外锻炼的主要场所，绿色开放空间中有相对新鲜的空气、自然光照、一定的健身设施、漫步道及活动场地。北京一项调查发现，居民平均每天锻炼的时间是两个小时，由此可见绿色开放空间是当地居民重要的户外活动目的地。调查结果还显示，主要的活动类型依次是散步、太极拳、健身操和气功，其中散步是最主要的身体锻炼方式。近年来以中老年女性为主的广场舞锻炼越来越普遍，研究发现这是一种综合性锻炼，可以使得活动者精神和情绪状态得到改善，感到生活充实，人际关系融洽，并且睡眠质量提高，总的身体素质得到提高。

在绿色开放空间中的活动可以带来相当程度的精神交流，伴随着集体类锻炼活动所带来的社会交往关系，会使老年人产生积极情绪、保持大脑活力，同时也对身体健康有利。但是根据对我国公园绿地使用者的调查与访谈，城市绿地设计并没有充分支持使用者的活动。具体表现是，我国绿色开放空间设计普遍对老年人活动锻炼场地、设施有所考虑，但对休息、交往的环境设施考虑不足，缺少从私密到公共的多层次公共空间，缺少集体活动场所以及隔离噪声、供人思考和聊天的空间。

2. 活动的规律和影响因素

大量的研究根据调查问卷和访谈发现，绿色开放空间使用者有着如下的使用规律。首先，使用者的休闲行为有着性别差异。男性一般有较为固定的活动场所，且往往自带活动设施，活动类型广泛且持续时间长。女性的选择倾向较为自由，一般只采用公园提供的设施，活动类型较为单一且持续时间短。女性有着更高的安全需求，倾向于两人结伴和群体活动。其次，使用者的活动有着较为清晰的规律。他们一般有明确的目的地，一进入公园就会直奔目的地参加活动，同时喜欢将步行作为锻炼方式，沿着环状路径散步，活动路线比较固定，也有一部分随机性漫步，遇到感兴趣的场所即停留，使用者往往是几种方式交替出现。

对绿色开放空间使用影响较显著的因素包括：服务半径、交通便利程度、设施布置和一些具体因素。如果绿色开放空间的环境条件类似，使用者会选择比较近或者交通较为便利者使用；如果绿色开放空间对于使用者有着明确的吸引力，在其中有必要且规律的活动，则其使用主要受到设施和空间的影响。部分研究者在国内的调研结果认为，影响绿色开放空间使用的因素按照重要性依次是：场地绿化、治安状况、噪声及卫生状况、到达交通、设施及其维护、活动场地大小及灯光照明。

3. 老年人为主

随着人口老龄化对户外休闲活动、健康需求的增长，城市绿色开放空间应该考虑适老化设计，此设计应该从老人的身心健康需求和行为特点出发，针对老年人角色转变带来的消极心理状态加以弥补，在绿色开放空间设计中满足其看与被看、交往的需求、获得信息的需求和维护私密的需求。在行为特点方面要考虑老年人出行活动分布、活动领域和活动时间、地域性等。如哈尔滨地区绿色开放空间设计需要注重室内外的过渡、丰富冬季景观和无障碍通道；西安地区应注重空间设计的交往、健身、休息支持和私密性；北京的公园应为老年人提供安全性、可识别性、生态性和舒适性；而福州的设计建议是加强无障碍设计、创造交往空间、改良微气候、提供合理的设施。

老年人由于感官功能下降、认知相对困难，所以在相应的绿色开放空间设计中应提供各种信息的问讯处、间距适宜的座椅，还有比普通标准更多的洗手间，整体设计风格应该淡雅和宁静。

以上研究主要采用观察访谈和主观评价的方式，并没有直接建立设计与健康的关系，也没有具体提出怎样的设计可以带来如何的健康效果，虽然上面的研究大部分提到了绿色开放空间可以促进老年人的身体和社交活动而带来相关身心健康益处，但是并没有对于设计—行为—健康具体的相关性或者联系作进一步的研究，导致研究对于绿色开放空间健身设计的循证意义有限。

6.2 实证分析框架

6.2.1 分析目的

本章试图在上一章的研究基础之上，进一步探索绿色开放空间复合设计要素对于使用者健康的影响，研究依然在原先研究对象的基础上，除了对于复合设计要素本身进行分析，还采用了网络模型的方法来综合分析复合设计要素对于使用者健康的影响，其中使用者健康数据依然采用BMI和SF-12健康调查量表。研究首先试图探明复合设计要素与使用者健康除了有相关性联系是否还有因果联系。其次绿色开放空间设计作为一个整体而非设计要素的累加会对使用者健康产生怎样的影响。以此获得绿色开放空间复合设计要素对健康的影响，为规划设计提供依据。具体研究包括以下两部分内容。

（1）绿色开放空间复合设计要素与使用者健康水平的关系。复合设计要素包括可达性、连通性、步行性、安全性、功用性和美观性复合设计要素，将它们与使用者的BMI和SF-12量表值进行比较分析，以期获得每一个要素对于健康产生怎样的影响。

（2）绿色开放空间网络模型与使用者健康水平的关系。网络模型（详见6.3节）是一种分析复杂要素综合效用的量化分析方法，本书在复合设计要素的基础上构建了绿色开放空间的网络模型，并对模型进行测度，根据测度值与使用者的BMI和SF-12量表进行比较分析，以期探究绿色开放空间设计作为一个整体对于使用者健康产生的影响。

6.2.2 分析方法

1. 绿色开放空间的复合设计要素

根据前文，绿色开放空间影响健康的复合设计要素包括可达性、连通性、步行性、安全性、功用性和美观性复合设计要素（表6-1）。每个要素的分析方法、分析角度以及分析结果具有较大差异性。其分析方法包括主观和客观测量两种，分析角度则根据研究目标有所不同，分析结果由于测量单位不同而难以进行相互间的对比和检验。

为了能较为准确地反映设计要素对体力活动的影响，并且综合反映设计要素的相互关系，本章主要采用客观量化为主的分析方法，对于每个设计要素的测量结果进行无量纲的标准化，以方便结果之间的比较。

网络模型因子的指标构成和分析方法　　　　表6-1

设计要素	分析指标	指标解释	分析方法	测量方法
可达性复合设计要素	步行可达性点密度	步行可达性点是指使用者步行到达绿色开放空间的点，它包括出入口、人行入口	步行可达性点数量/绿色开放空间总面积	现场观察图纸标记
	骑行可达性点密度	骑行可达性点是指使用者骑车到达绿色开放空间的点，它包括出入口、自行车停车点、自行车租赁点	骑行可达性点数量/绿色开放空间总面积	现场观察图纸标记
	公交站点最近距离	最近公交站点包括地铁站和公交站	最近公交站点到最近出入口距离	现场观察图纸标记
	内部主要节点距到达点距离	内部主要节点包括景观节点、服务性节点和休闲活动节点	内部主要节点距到达点距离	图纸测量
步行性复合设计要素	步道密度	包括机动车旁人行道和独立步道	步道长度/绿色开放空间总面积	图纸测量
	步道平均宽度	主要步道包括园路、栈桥、滨水步道，但不包括人车混行的机动车道	主要步道的平均宽度	现场观察
	步道休息和导视设施密度	步道休息设施包括了座椅、长凳、花池，导视设施包括地图、指示牌等	步道休憩设施+导视设施（指示牌、地图等）数量/绿色开放空间总面积	现场观察
	步道树木覆盖率	步道两边有乔木覆盖的比例	覆盖步道长度/总步道长度	图纸测量
功用性复合设计要素	休闲活动区域面积覆盖率	休闲活动区域包括小型广场、室外剧场、滨水步道、儿童娱乐场地等	休闲娱乐区域面积（加和）/绿色开放空间总面积	图纸测量
	运动锻炼区域覆盖率	运动锻炼区域包括球类场地、跑道和运动器械场地等	运动锻炼区域面积（加和）/绿色开放空间总面积	图纸测量
	公共服务设施密度	公共服务设施包括卫生间、信息中心、售卖点、休息点、餐饮小品等	公共服务设施总数量/绿色开放空间总面积	现场观察
	运动锻炼设施密度	篮球筐、单双杠、坐式跑步器、滑盘器、攀登架、沙坑、跷跷板、秋千等	运动锻炼设施总数量/绿色开放空间总面积	现场观察
连通性复合设计要素	内部道路节点比	内部道路主要是指步行道和骑行道；节点主要是道路的交叉口，包括丁字形交叉口和十字形交叉口	交叉口数量/内部道路段数	图纸测量

续表

设计要素	分析指标	指标解释	分析方法	测量方法
连通性复合设计要素	外部主要道路宽度	围合和分割绿色开放空间的主要城市道路宽度	机动车道的实际宽度	现场观察
	外部道路交叉口密度	基地内道路与外部道路的交叉口，基地内的道路包括步行道、骑行道和机动车道，这部分往往是基地的出入口位置	内部机动车道、步行道、骑行道与基地外城市道路的交叉口数量/绿色开放空间总面积	现场观察图纸标记
	外部建筑和设施接口密度	外部建筑是指周边贴临的建筑如住区、商业、办公建筑等，设施包括人行通道、天桥等交通设施	与周边建筑和设施的接口数量/绿色开放空间总面积	现场观察图纸标记
安全性复合设计要素	照明密度	照明灯光包括地灯、路灯、艺术照明等	照明灯光数量/绿色开放空间面积	现场观察图纸标记
	尽端路密度	主要步行道的尽端以及某些中途被打断的道路	尽端路数量/绿色开放空间面积	现场观察图纸标记
	无人行道机动车道路长度	是指基地内没有人行道的机动车道路长度，反映了行人与机动车混行的危险	无人行道机动车道路的长度	图纸测量
	机动车道与步行道交叉口密度	两种车道的交叉口反映行人横穿道路可能产生的潜在危险	机动车道与步行道交叉口数量/绿色开放空间面积	图纸测量
美观性复合设计要素	自然植被占有率	是指草坪等软质铺地所占比例，它包括乔木、灌木和草木所占地坪面积	绿化植被区域/绿色开放空间总面积	图纸测量
	植被种类丰富程度	主要分析植被种类丰富程度，根据主要节点的现场调研照片记录，对其种类进行分析	从每个绿色开放空间中每个主要景观节点选取2张照片，其丰富程度由照片中树木的种类来表达	主观分析（5分制）
	视觉焦点数量	视觉焦点是指能明显引起游人注意的特殊自然环境要素，如名树、水潭、假山、山丘、湖泊等	每个绿色开放空间的视觉焦点由问卷发放者现场标记拍照后交由2名景观系博士进行筛选	主观评价（5分制）
	视觉通廊数量	视觉通廊是指连续道内部和外部某一焦点的视觉廊道，是连接内外的线性视觉空间	根据每个绿色开放空间的视觉通廊平面卫星图片和实际问卷发放者的照片综合确定	主观评价（5分制）

2. 绿色开放空间设计的网络模型评价

目前对于复合设计要素的分析仅仅局限于某个单独要素与使用者健康的分析，或者要素之间的相互比较，缺乏不同设计要素组合对于健康的影响研究，因此往往得到的结论较为片面。而根据恢复性景观的相关研究，设计要素的组合或者综合分析往往能大大增加设计对于使用者健康影响的解释力度，从而挖掘其内部机制。因此，本节选用了网络模型分析这一方法对绿色开放空间复合设计要素

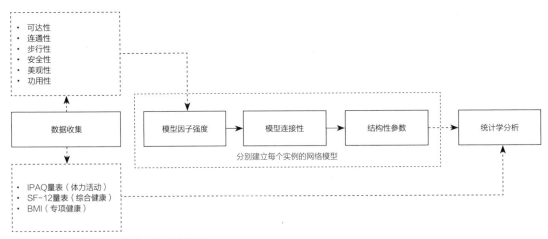

图6-1 网络模型与健康关系的研究流程

进行综合和整体的分析。

绿色开放空间设计的综合分析采用了网络模型分析方法（对于网络模型的论述详见6.3节），该方法可以分析设计要素及其相互关系同时对于健康的影响。对于网络模型的分析主要是计算出其结构性参数，其结构性参数包括：网络模型密度、网络模型中心连接性、网络模型总连接性、网络模型总强度、中心连接强度和中心因子强度。每个参数分别反映了网络的连接性、强度或者中心性特征。

本次选择了10个绿色开放空间，因此建立了10个网络模型，对于每个网络模型分别进行计算，将得出的结构性参数与健康水平进行比较，可以判断网络模型的这些特征与健康水平是怎样的关系，从而可以推导出复合设计要素组成的网络模型是如何影响使用者健康的（图6-1）。

6.3 网络模型分析

6.3.1 概况

1. 网络、网络理论和网络模型

网络是指由一系列节点及节点之间的连接组成的系统，这是现实世界广泛存在的一种系统形式，如互联网系统、组织与公司系统、人际关系、血管系统、论文的引用系统等[175]。网络理论是离散数学的一个基础支撑，1735年欧拉解决的柯尼斯堡七桥问题标志着图论的第一次实践。他用点表示因子或者行动（actor），用线表示因子之间的关系，这种方式的意义在于可以精确简洁地描述各种关系网络。网络理论逐渐拓展到其他领域之中，如计算机、社会学、生物学等。目前，网络理论研究的主要内容是关于网络中的中心性与连接性问题。

（1）中心性是指网络中哪一个节点与其他节点关系更为紧密且有着最大的影响，这些点或者这类点可以对保证网络的连通性起到重要或者关键作用。

（2）连接性是指每个节点在整个网络中是如何与其他节点连接起来的。

目前，新的网络研究不再仅仅关注从某个节点或某类节点出发测度的网络结构特征，更多关注的是统计学意义下复杂网络的结构特征。

2. 网络模型的特点

（1）分析复杂现象

绿色开放空间设计的健康影响分析涉及设计、行为、美学等多种变量，多种变量相互作用和制衡，共同产生了对于健康效用的影响，对于复杂的问题引用复杂性科学的相关研究可以帮助反映问题的本质。复杂性科学包括混沌理论、超循环理论、分形理论和网络理论等，本书主要参照其中的网络理论。它涉及了社会、城市规划、经济和数学等多个学科，可以帮助研究者更好地理解现实城市空间的复杂体系。

（2）交叉学科研究

网络模型不仅可以分析内部要素之间的连接性关系，也可以分析网络模型之间的联系，通过联系不同性质的网络模型，为不同学科的交叉研究提供一个平台（图6-2），如目前合作涌现的研究有助于分析基于网络的合作机制，网络搜索和拥塞问题的研究对于促进内部交流网络上信息的传递和沟通有重要价值。如上例子不再一一列举，网络理论也有助于设计和健康两个交叉学科的内在耦合关系的分析。

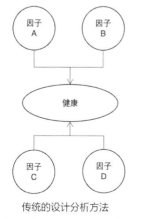
传统的设计分析方法

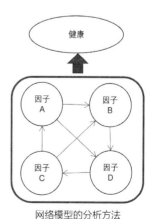
网络模型的分析方法

图6-2 网络模型与传统设计分析方法的比较

（3）定量与定性相结合

网络模型与传统统计分析方法中针对变量要满足相互独立性不同，它更关注相互关系的数据，采用的是关联性变量，这一点开创了数据分析和构建模型的新思路[176]。网络模型的影响要素可以根据研究目的进行逻辑分析而选取，同时其模型的结果可以进行数学的定量分析，是一种定量与定性相结合的研究方法，可以满足大多数问题对于灵活性和实证性的需求。

6.3.2 网络模型的构建

1. 组成

绿色开放空间网络模型是由因子（node）及因子间的连接（link）组成的，两者是组成网络模型的基本要素。其中，因子是指影响绿色开放空间的复合设计要素，连接是指因子之间的关联性，它反映了因子之间关系的强弱。这种关联性产生的原因有两个：第一，影响范围的重叠，设计的空间范围和相同的设计对象使其具有重叠的范围；第二，影响性质的重叠，对于健康的影响途径的一致导致了其具有性质的重叠。

根据上文所述，绿色开放空间网络模型的因子包括：可达性、连通性、步行性、功用性、安全性和美观性复合设计要素（图6-3）。这6个因子在网络模型中互相关联，共产生了30个连接，据此构建了绿色开放空间设计的网络模型。

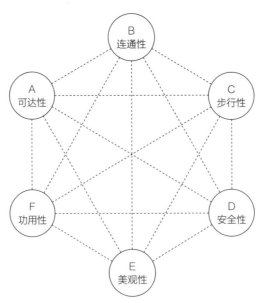

图6-3 绿色开放空间设计的概念网络模型

虽然每个因子都可以通过影响体力活动对使用者产生不同程度的健康效用，但由于这些因子之间属性不同，存在复杂的关系，它们可以是互相促进，也可以是互相制约，甚至是此消彼长的关系，因此对于因子本身的分析无法全面反映绿色开放空间设计的健康作用，这也是网络模型要解决的问题。

传统的网络模型的因子选择方法主要为主成分分析法，该方法需要优选影响因子集，通过共同度的测量确定因子之间是否有共同性，来判断是否进行主成分分析，然后根据总方差和因子散点图参数提取主成分，通过最大方差法对因子进行旋转，确定因子的数量，合并相似因子集并按照主成分归类。该方法用降维技术利用少数变量代替多个原始变量，并且可以创造一些新的变量，但是当因子具有方向性时（正向和负向），其综合分析函数的意义就不明确，并不像原始变量那么清晰，难以命名，难以用于对已有的设计体系的指导。

2. 构建过程

本章中的网络模型是无向有权网络模型，它基于绿色开放空间健康设计要素建立，根据无向有权网络模型的定义，每个设计要素对于健康的影响预设是处于一个层面上的，并没有等级的高下之分，然而每个要素的强度有着区分，要素之间也具有相关性。如空间的可达性与连通性，两者关系紧密，增加路网的连通性，会降低点到点的距离，而且能够提供更多的路径选择，这时候点的可达性也会增强，其相互连接是双向的。根据网络模型的共同点与特征，网络模型构建的步骤如下（图6-4）。

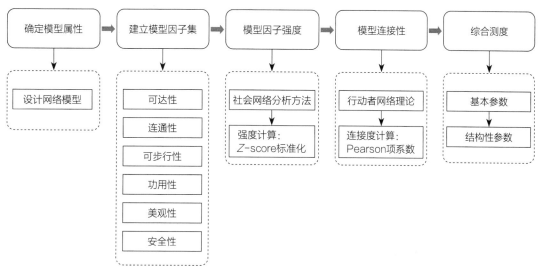

图6-4 网络模型构建流程

（1）确定建立网络模型的属性，即其需要研究的问题，该问题的主体应该是与空间有着直接的联系，联系越为紧密则最后模型的分析效果越好，本网络模型研究目的是绿色开放空间设计对于健康的影响。

（2）建立影响因子集，根据确定研究的问题，选择可以测量的典型的网络模型因子，这些因子应相互关联并且反映研究问题的实质。本书中网络模型的因子就是绿色开放空间的健康设计要素（简称设计要素）。

健康设计要素是指可以通过某种途径直接或者间接影响健康的设计要素，根据上一章内容，通过体力活动可以影响健康的设计要素包括：可达性、连通性、步行性、功用性、安全性和美观性。这些设计要素是绿色开放空间通过体力活动影响健康的主要载体，因此将其作为网络模型的因子集。

（3）建立影响因子权重集，根据研究的需求建立统一的因子强度和连接性分析标准，以保证因子之间可以相互比较，这是建立因子之间连接的基础，每个因子的强度由各自指标强度累积而成，采用 Z-score 的方法对于不同单位和性质的因子强度进行规格化，从而确定每个因子的权重。

（4）建立连接集，根据因子强度高低和接近程度来确定其相互关系的强弱，这是建立网络模型最重要的一步。该步骤采用了社会网络和行为者网络相结合的方法，根据 Pearson 项系数作为因子相似性的方法，该方法综合考虑了影响因子得分的差异和其相对距离。

（5）网络模型测度，对于网络模型因子、连接和其整体进行测度，从而判断空间网络模型的综合性能。该分析指标主要参考了社会网络模型的相关指标，包括了模型的节点数量、连接数量、尺度、密度、中心性等。

6.3.3　网络模型的测度

在数学领域中，测度是指一个函数，它对一个给定集合的某些子集指定一个数，这个数可以比作大小、体积、概率等，它可以被推广到任意的集合上，利用指数的方式来反映某一集合的属性（图6-5）。通过对于网络模型的测度，可以量化分析其模型的性能，便于建立网络模型和健康效用的直接联系。

1. 测度依据

网络模型的测度理论依据是社会网络分析和行动者理论，两个理论互相补充，两者都强调因子之间的连接关系及这些关系的特定模式，这些比个体因子都重要，是理解网络如何发挥作用的关键，通过连接性关系，网络做到了没有联系的个体因子松散组合做不到的效果，导致了整体大于部分总和的"涌现"特性，

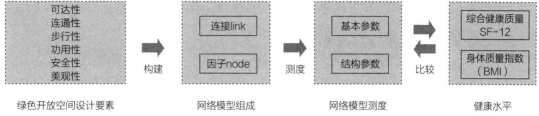

图6-5　绿色开放空间设计网络模型的组成

因此网络测度实际是分析个体与群体之间的关系。连接关系决定着网络形态，就是网络的结构或者说是拓扑。因此，绿色开放空间设计网络模型可以借鉴社会网络分析和行动者网络理论的网络构型，提高其测度的可操作性。

2. 因子的测度

绿色开放空间设计的网络模型采用因子分析法来计算每个网络因子的强度，根据社会网络分析（SNA），因子分析法是基于不同变量彼此形成的因子，每个因子分别代表了不同的变量，建成环境与健康的研究发现，因子比单个变量更加可靠，该方法很好地解决了变量之间多重共线性的问题，并简化了工作量[177]。对于难以测度的指标，可以采用模糊数学的隶属梯度理论，把定性判断转换为定量分数，然而这样仍然存在指标测度结果单位和属性不同导致的无法将指标测度映射到因子强度上。因此需要对指标的测量值采用无量纲化处理，无量纲化处理主要解决数据可比性问题，对于不同类型指标直接加总不能正确反映不同因子的综合作用。这需要两个步骤。

（1）改变逆向指标数据性质，使得所有指标对评测方案的影响方向趋同化。

（2）去除数据单位限制，转化为无量纲的纯数据，以便不同单位和量级的指标可以比较加权。

网络模型中，每个因子的各个参数分析结果大小和单位各不相同，因此需要一套统一的评分机制将其去量纲化之后才可以进行比较。Z-score是基于原始数据均值（Mean）和标准差（SD）的数据标准化的常用方法。它适用于同一因子属性的指标最大值和最小值未知的情况或者有超出取值范围的离散数据情况。具体的操作步骤如下。

（1）指标的标准化。每个指标在不同的空间网络模型中可能有着不同的取值，通过计算这些不同取值的相对大小可以统一不同指标之间的关系。本书通过计算不同模型中相同的Z-score来规格化这些数值，Z-score公式为：

$$Z = \frac{X - \bar{X}}{S} \tag{6-1}$$

式中，Z为标准化计数；X为变量的计算值；$\overline{X}$表示这些不同模型中变量的平均值；S为这组数据的标准差。

Z-score的取值规则为：0为均值，正值为大于平均值的取值，并且越大表明其超出平均值越多，负值反之亦然。指标离平均值越大，则其Z-score数值就越大，指标离平均值越小，Z-score数值越小。

（2）指标Z-score的累加。每个因子的强度，由其下面所包含的指标Z-score数值累加完成，由于Z-score数值已经标准化，所以其累加的数值，也就是因子强度数值也是标准化的，这就为因子的强度比较进而确定其关联性建立了基础。

$$Z = \sum_{j=1}^{i} \sum_{k=1}^{n} \frac{X_k - \overline{X}}{S} \qquad (6-2)$$

式中，Z代表某个模型因子的强度值；i代表该因子的指标数量，在本研究中指标数量为4；n代表总共的模型数量；k代表某个模型；X代表某个指标的实际数值；$\overline{X}$代表n个模型X指标的平均值。

该网络模型的因子强度是建立在与体力活动正相关联基础上的，但是实际指标操作上存在着逆向强度情况，因此该情况需要做正向和逆向的转换（表6-2），保证所有指标的Z-score值是朝向一个方向的。

体力活动与Z-score的正逆向关系表　　　　　　　　　　表6-2

影响因子	指标	Z-score与体力活动关系
可达性	步行可达性点密度	正向
	骑行可达性点密度	正向
	公交站点最近距离	逆向
	内部节点距入口距离	逆向
连通性	内部道路节点比	正向
	外部主要道路密度	逆向
	外部道路交叉口密度	正向
	外部建筑和设施接口密度	正向
步行性	步道密度	正向
	步道平均宽度	正向
	步道休息和导视设施密度	正向
	步道树木覆盖率	正向

续表

影响因子	指标	Z-score与体力活动关系
安全性	照明密度	正向
	尽端路密度	逆向
	机动车道与步行道混行长度	逆向
	机动车道与步行道交叉口密度	逆向
美观性	自然植被占有率	正向
	植被种类丰富程度	正向
	视觉焦点数量	正向
	视觉通廊数量	正向
功用性	休闲活动区域面积覆盖率	正向
	运动锻炼区域覆盖率	正向
	公共服务设施密度	正向
	运动锻炼设施密度	正向

3. 因子连接性的测度

因子连接性的测度是参考社会网络分析的计算方法来进行的，该方法有如下四个特征：第一，源自社会网络行动者关系的结构性思想；第二，以系统的经验数据为基础；第三，重视关系图形的绘制；第四，依赖数学和模型的使用。

连接性是SNA测量的重要内容，它通过测量不同因子之间的相似程度，对网络因子进行分类和分群，同类因子具有在给定相似性意义上的同型结构，确定同型结构可以有助于寻找网络模型的特征，并且有助于网络模型的简化。网络连接性测量的基础是因子相似程度的测量，对于相似程度的测量一共有四种方法：Pearson 相关系数，Euclidean 距离，匹配比例，Hamming 距离。

因子间的关联性的是由每两个因子之间强度的接近程度和两个因子强度所影响的，两个因子强度的接近程度越高，两个因子强度越大，则其关联性越强；反之亦然。当知道某两个因子的强度时，则其连接可以根据以下简化公式计算。

$$S_{a-b} = \frac{(X_a + X_b)}{(X_a - X_b)} \tag{6-3}$$

式中，X_a代表因子a的强度值；X_b代表因子b的强度值；S_{a-b}代表因子a和b之间的连接性，其取值范围为（0，∞）。当S越大，则表明其连接性越强，两个因子之间关联性越强，设计的这两个方面协同度越好。当S越小，则表明其连接越小，也就是两个因子之间的关联性越弱，反映在绿色开放空间设计上就是这两个因子之间的关联性弱，设计上两个方面协同度差。因此，连接性可以分析设计的协同度问题。

4. 网络模型的测度

（1）基本参数

一个网络模型 G 由因子和连接所构成，记为 $G=[(G), E(G)]$。$V(G)$ 和 $E(G)$ 分别是网络的节点集合与边集合。一条连接节点 i、j $[i, j \in V(G)]$ 的标记为 (i, j) $[$或 $(j, i)]$。给定一个包含 N 个节点的网络 G，它的基本参数包括如下。

1）因子数量

理论上来讲，一个模型的因子数量等同于该系统里面的研究者关注的因子。该网络模型建立在绿色开放空间健康设计要素之上，因此因子数量为6个。

2）连接数量

网络模型中各个因子间连接数量的总和。该网络模型是一个连通型模型，因此其连接数量为网络模型的最大连接数量。模型的最大连接数量由其节点数量决定：

$$E_{\max} = \frac{n(n-1)}{2} \tag{6-4}$$

式中，n 为因子数量，该网络模型的最大连接数量为5。

3）因子连接性

该数据又叫因子的中心性，是指该因子与其他因子相互关系的综合，由 $D_{(ni)}$ 表示，代表着其在整个网络模型中的嵌入性和地位，其公式为：

$$D_{(ni)} = \sum_{i=1}^{n} S_i \tag{6-5}$$

式中，n 代表该因子总共有的连接数量；S_i 代表该因子与某个因子的连接性。因子连接性越强，表明该因子与其他因子关系越紧密，并且在整个网络模型中的嵌入性越高。其中连接性最大的因子被称为中心因子，它可以在一定程度上反映整个网络模型连接性特征的大小。

4）模型的网络尺度

网络尺度是指组成模型的所有因子及连接的数量，其尺度由 D 表示，可以通过以下公式得到：

$$D = E \times G \tag{6-6}$$

式中，E 代表模型的连接数；G 代表模型的因子数，它反映了网络模型的规模。在绿色开放空间设计的网络模型中，由于其是无向有权网络模型，其模型尺度是固定的90。

（2）结构性参数

1）网络模型密度

密度是网络模型常用到的结构性参数，它是指网络中实际存在的边数与可能存在的边数之比，给定一个N个因子M条边的无向网络，其密度等于$2M/[N(N-1)]$。若网络模型是有向的，其密度公式为$M/[N(N-1)]$。密度越大表明现有网络模型中因子的相互关系越紧密。绿色开放空间设计的网络模型密度用D_n表示，可以通过公式算出：

$$D_n = \frac{P_n}{S_n} \tag{6-7}$$

式中，D_n代表网络模型密度；P_n代表网络模型总强度；S_n代表网络模型总连接性；n代表连接数量。网络模型密度可以反映单位连接性中所需要的因子强度。

2）网络模型总强度

它是指网络模型中所有因子的共同强度，可以反映传统意义上因子强度叠加对于系统的影响。用P_n表示。绿色开放空间设计网络模型一共有6个因子，每个因子的强度通过其指标数值标准化加和而成。该过程与传统的指标分析方法类似，通过指标加权得分后叠加而成，反映了对于因子强度的直观印象。

3）网络模型总连接性

它是指网络模型的所有因子的共同连接性，是网络模型因子之间相互关系的总和，反映网络模型总体的连接性特征和紧凑程度。用S_n表示。绿色开放空间设计的网络模型一共有15个连接，与总因子强度的计算不同，它的总连接性并非所有因子连接性叠加而成，连接的两个设计因子会产生一定的约束，如可达性与连通性同时与其他不同的因子有着共同的正向连接，则可达性与连通性的连接会被增强，网络模型的总连接性则不会对该连接产生限制。

4）网络模型中心连接性

每个网络模型连接性最强的连接被称为中心连接，该参数对于网络模型有着重要影响，它表示模型中最紧密的两个因子关系，也反映了影响模型的主要连接性特征。用S_i表示。对于中心连接性的检查也是对模型是否反映实际网络性能的检查。一般中心连接出现在中心因子与其他因子的连接上，两者一致，表明该模型是中心型网络模型；否则，是偏中心型网络模型，表明该网络模型的结构不稳定。绿色开放空间设计的网络模型具有15个连接，中心连接及其相对应的两个因子反映了设计中的主要矛盾和问题。

5）中心因子连接性

网络模型中与其他因子关联性最强的因子叫中心因子，每一个网络模型都有至少一个中心因子，它在所有因子中拥有最高的连接性，是模型中与其他因子关系最为密切的因子。与中心因子有关的参数包括连接性和强度。中心因子连接性用S_j表示。随着中心因子连接性的提高，表明中心因子对于网络模型的影响增大，网络模型具有更高的统一性。另一方面，中心因子具有更高的等级，通过因子的等级可以发现哪一个是中心因子，它反映了某个因子从其相邻因子所承受的约束来自单个因子的程度。若该值较小，则表明是来自某个因子的集中压力，反之表明约束来自因子的平均压力。

6）中心因子强度

是指中心因子的强度，通过因子指标数值标准化加和而成。用P_j表示。该过程与传统的指标分析方法类似，通过指标加权得分后叠加而成，反映了对于因子强度的直观印象。

6.4 绿色开放空间设计与使用者健康的关系

6.4.1 复合设计要素与使用者健康

1. 健康影响

身体质量指数（BMI）和生理健康质量（PCS）提高是复合设计要素产生的主要健康影响。大部分设计要素通过体力活动产生的健康效用体现在肥胖和生理健康质量方面，仅有美观性与心理健康质量有关。其中，与控制肥胖有关的设计要素根据相关性大小依次为：可达性、功用性、步行性、连通性和安全性，与提升生理健康质量有关的依次为：可达性、步行性、功用性、连通性。

具体可见设计要素与健康水平的相关性分析（表6-3），6个设计要素与身体质量指数BMI、生理健康质量PCS、心理健康质量MCS有着不同程度的相关性。其中，与BMI有着相关性的最多，共有5个（根据相关性大小由小到大依次为可达性、功用性、步行性、连通性、安全性）；与PCS有着相关性的设计因子有4个（根据相关性大小由小到大依次为可达性、步行性、功用性、连通性）；与MCS有着相关性的设计因子仅有美观性（R=0.264，p=0.021）。这表明这些设计因子对于健康效用的影响主要体现在降低体重、减少肥胖风险，从而提升生理健康水平上，对于心理健康影响较少。可能的解释是，这些设计因子的分析和选择是基于体力活动对于健康的影响，而根据前文的研究，体力活动对于健康的显著影响体现在BMI和PCS两个方面，也就是和肥胖相关的生理健康方面。

复合设计要素与BMI、PCS和MCS的相关性分析　　　表6-3

	A	B	C	D	E	F
BMI	−0.325* 0.021	−0.164 * 0.010	−0.312 ** 0.003	−0.210 * 0.004	−0.134 0.712	−0.112** 0.008
PCS	0.224* 0.006	0.132* 0.018	0.201** 0.009	0.209** 0.005	−0.177 0.624	0.399 0.253
MCS	−0.298 0.154	−0.443 0.124	−0.378 0.263	−0.356 0.089	0.264* 0.021	−0.441 0.202

注：*表示在Sig=0.05下显著，**表示在Sig=0.01下显著。
其中，A代表可达性，B代表连通性，C代表功用性，D代表步行性，E代表美观性，F代表安全性。

2. 健康关系

可达性和功用性复合设计要素的加强可以显著改善BMI。设计要素本身仅能有限地解释绿色开放空间通过体力活动对于健康的影响，这主要体现在可达性与功用性对于BMI的影响上，随着可达性和功用性的提高，使用者BMI会一定程度减小。

分析可见，6个设计要素中与BMI和PCS关系最紧密的是可达性、功用性和步行性，之前的分析仅建立了相关性，但是它们能够多大程度上解释设计对于健康的影响还不清楚，需要利用多元回归进行深入分析，考虑到设计要素与心理健康（MCS）的关联性不强，只有一个设计要素有所关联，所以，下面仅针对BMI和生理健康质量（PCS）进行分析。

分别建立BMI、生理健康质量与复合设计要素的多元线性回归模型（表6-4）。以BMI为因变量，设计要素为自变量进行三次迭代后，发现模型3的拟合度最高，其调整R^2为0.217，表明模型3选取的自变量对于因变量的解释可以达到21.7%，并且该模型在Sig=0.05的范围内较为显著，将其选择为最优模型。

复合设计要素与BMI的多元回归分析 表6-4

模型序号	R	R^2	Adjusted R^2	Std. Error of the Estimate	Change Statistics		df1	df2	F Sig. Change
					R^2 Change	F Change			
1	0.312	0.297	0.156	0.16937	0.732	18.204	1	12	0.031
2	0.395	0.347	0.188	0.11673	0.492	14.733	1	7	0.012
3	0.517	0.491	0.217	0.08356	0.118	5.478	1	6	0.041

1——预测变量：常量，可达性（X_1），功用性（X_3），步行性（X_4），连通性（X_2）。
2——预测变量：常量，可达性（X_1），功用性（X_3），步行性（X_4）。
3——预测变量：常量，可达性（X_1），功用性（X_3）。
Sig=0.05。

Sig=0.05。
因变量为BMI，自变量X_1为可达性，X_3为功用性。

可以认为该方程是有效地拟合了原始数据，因此可以建立BMI—设计因子回归方程：

$$Y=8.125-0.008X_1-0.021X_3 \qquad (6-8)$$

该回归模型表明可达性和功用性可以部分解释BMI的变化（21.7%），并且与之呈负相关的关系，即随着可达性和功用性的增加BMI减少，这与之前相关性分析的结果一致。在方程中可达性的非标准化回归系数（-0.008）比功用性的系数（-0.021）绝对值要小，功用性对于控制使用者BMI有着更加重要的作用。

6.4.2 网络模型与使用者健康

1. 描述性分析

网络模型的结构性参数包括：网络模型密度、网络模型总强度、网络模型总连接性、网络模型中心连接性、中心因子连接性、中心因子强度（表6-5）。具体的分析结果如下。

绿色开放空间设计网络模型的结构性参数 表6-5

参数	M1	M2	M3	M4	M5	M6	M7	M8	M9	M10
中心因子	A	C	A	C	A	A	B	C	D	C
中心因子连接性(S_j)	-2.21	9.42	-0.94	-5.90	21.59	32.43	16.42	9.11	10.62	6.08
中心连接	A-D	C-E	A-E	C-F	A-E	A-E	B-C	F-D	B-D	D-E

续表

参数	M1	M2	M3	M4	M5	M6	M7	M8	M9	M10
中心连接性(S_{max})	0.04	5.00	0.54	−1.10	8.26	6.83	6.27	3.34	8.07	4.34
中心因子强度(P_c)	0.72	1.50	3.69	−0.19	2.13	2.01	3.19	3.65	3.56	1.55
网络总连接性(S_n)	−65.64	17.91	−153.53	−125.22	92.66	138.10	61.21	31.46	−3.94	−23.32
网络连接密度(D_n)	5.35	54.27	9.38	8.91	5.29	8.67	8.09	2.16	−6.16	3.06
网络总强度(P_n)	−12.25	0.33	−16.36	14.06	17.53	15.93	7.57	14.59	0.64	−7.63

注：1. M1——盘门绿地，M2——干将桥绿地，M3——惠济桥绿地，M4——糖坊桥绿地，M5——桂花公园，M6——湖滨公园，M7——水巷邻里绿地，M8——红枫林公园，M9——金姬墩公园，M10——望湖角公园。
2. A——可达性复合设计要素；B——连通性复合设计要素；C——功用性复合设计要素；D——步行性复合设计要素；E——美观性复合设计要素；F——安全性复合设计要素。

苏州案例的网络模型　　　　　　　　　　　　表6-6

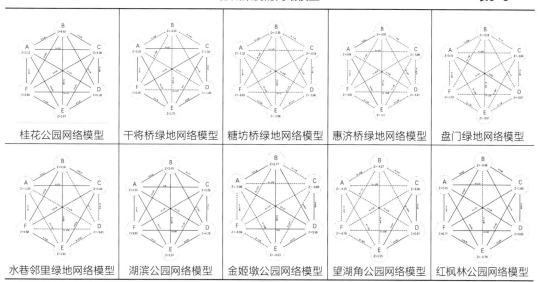

桂花公园网络模型　干将桥绿地网络模型　糖坊桥绿地网络模型　惠济桥绿地网络模型　盘门绿地网络模型

水巷邻里绿地网络模型　湖滨公园网络模型　金姬墩公园网络模型　望湖角公园网络模型　红枫林公园网络模型

注：A——可达性复合设计要素，B——连通性复合设计要素，C——步行性复合设计要素，D——安全性复合设计要素，E——美观性复合设计要素，F——功用性复合设计要素；——正向连接，----负向连接。

功用性与可达性是网络模型主要的中心因子。通过以上分析可以发现大部分的中心因子都不是模型中强度最高的因子，但是大部分中心因子都处于中心连接之上（8/10），见表6-6所列，中心因子在中心连接之上的模型称为中心模型，反之称为偏中心模型。在中心模型中，中心节点对于模型总体连接性影响显著[178]。网络模型中并没有一个不变的中心因子，每个网络模型其中心因子可能会有所不同，但是出现频次最高的中心因子是可达性和功用性，它们也是与网络模型相关性最紧密的两个设计因子。这说明可达性与功用性是绿色开放空间中与其他设计因子关系最为紧密的因子，它们是维系其他设计因子组成网络模型的纽带，在设计影响健康这一过程中起到关键作用[179]，这与之前设计要素与健康相关性分析的结果相符。

2. 相关性分析

网络模型的总连接性可以反映绿色开放空间设计如何影响生理健康质量，随着参数提高，使用者生理健康质量PCS会提高，因此将其称为绿色开放空间的PCS设计指数。网络模型的中心因子连接性和总连接性可以反映绿色开放空间设计如何影响BMI，随着两个参数的提高，使用者BMI会下降，因此将两者的乘积称为绿色开放空间的BMI设计指数。其具体的分析如下。

通过逐项回归的方法建立BMI与网络模型结构性参数的多元线性回归模型（表6-7），进行两次迭代回归后发现模型2的拟合度最高，其调整R^2为0.645，表明模型2选取的自变量对于因变量的解释可以达到64.5%，并且该模型在Sig=0.05的范围内较为显著。

网络模型与BMI多元回归分析   表6-7

模型序号	R	R^2	Adjusted R^2	Std. Error of the Estimate	Change Statistics		df1	df2	Sig. F Change
					R^2 Change	F Change			
1	0.832	0.692	0.613	0.19208	0.692	17.933	1	8	0.003
2	0.916	0.839	0.645	0.14829	0.148	6.422	1	7	0.039

1——预测变量：常量，中心因子连接性（X_3），网络模型总连接性（X_4），中心连接性（X_2）。
2——预测变量：常量，中心因子连接性（X_3），网络模型总连接性（X_4）。
Sig=0.05。

sig=0.05。
因变量为BMI，自变量X_3为中心因子连接性；X_4为网络总连接性。

可以认为该方程是有效地拟合了原始数据，因此可以建立BMI—网络模型回归方程：

$$Y=23.135-0.031X_3-0.012X_4 \qquad (6-9)$$

该模型表明中心因子连接性、网络总连接性可以大部分解释BMI的变化（64.5%），并且与之呈负相关的关系，即随着中心因子连接性和网络模型总连接性增加，人们的BMI减少，考虑到检验样本的BMI偏高（22.91），接近于超重，因此可以认为增加网络模型的总连接性和中心因子连接性可以带来降低肥胖和超重风险的健康益处（R^2=0.645）。中心因子连接性的绝对值（0.031）大于网络总连接性的绝对值（0.012），这表明网络模型的中心因子连接性对于BMI有着更加明显的影响，找出绿色开放空间设计的中心因子并提高其连接性是抑制BMI过高的一个可行的方法。依据该方法对于PCS和MCS分别进行多元回归分析，可以得到PCS回归方程为：

$$Y=74.189+0.016X_3 \tag{6-10}$$

该方程调整R^2为0.611，表明模型选取的自变量对于因变量的解释可以达到61.1%，并且该模型在Sig=0.05的范围内较为显著。这表明网络总连接性可以解释大部分PCS的变化（61.1%），并且与之呈正向的关系，这与之前相关性分析的结果一致。

6.5 绿色开放空间的研究和设计启示

6.5.1 研究启示

1. 复合设计要素与健康水平的关系

通过6个设计要素与BMI、健康调查量表（SF-12）的相关性分析发现，这6个设计要素不同程度地与生理、心理健康水平有着联系。其中影响较为显著的是与BMI和生理健康质量的相关性。

考虑到这些要素是通过体力活动来影响健康的，因此可以认为绿色开放空间设计通过体力活动主要带来的是生理方面的健康益处，尤其是对于肥胖的控制，这与之前体力活动与健康水平关系的研究相符。

并没有发现设计要素与心理健康质量（MCS）之间的显著关系，唯一有关联的是美观性（R=0.264，p=0.021），这反映了绿色开放空间作为一种景观，可以通过视觉上的接触而带来心理健康方面的益处，这点与Kaplan和Ulrich对于自然恢复性环境作用的研究相符，人仅通过视觉接触优美的环境就可以实现压力缓解、情绪改善等健康益处。

从这些要素与健康影响相关性大小来看，可达性和功用性两者对于生理健康质量（PCS）和BMI影响比较明显，但是仍难以反映绿色开放空间设计对于健康的影响（p=0.217），其中功用性的影响（−0.021）略大于可达性（−0.008）。根据行为修正理论，两者分别对应了建立某一行为的倾向性要素和加强性要素，同时两者分别从外部和内部两个方面反映了绿色开放空间对于体力活动的支持程度。它们分别影响使用者怎么样到达和怎么使用，这也符合了设计师的常识判断，方便到达的并且内部功能齐全好用的绿色开放空间是容易吸引人参与的。

2. 绿色开放空间的BMI设计指数和PCS设计指数

通过多元回归分析网络模型结构性参数与健康水平可以发现，网络模型的部分结构性参数可以较好地解释BMI的变化（$R^2=0.645$）和生理健康质量PCS的变化（$R^2=0.661$）。绿色开放空间复合设计要素共同产生的健康效用主要体现在肥胖相关的生理健康方面，这点与之前分析相符，这些要素主要通过体力活动影响健康，而体力活动的首要健康益处在于控制体重，降低肥胖及其相关的慢性疾病发病率。

网络模型总连接性与中心连接性的乘积是BMI设计指数，它与使用者的BMI有着显著关联性，并且可以部分解释其BMI的变化，两者与BMI有着负向关联，这表明随该指数的提高，使用者的BMI可以一定程度下降，从而达到预防肥胖和超重的效果，并且中心因子连接性（−0.031）比网络总连接性（−0.012）体现了更加显著的作用。该指数标示了网络模型因子相互关系以及中心因子和普通因子相互关系的紧密程度，随着紧密程度的增加，设计可以对BMI产生积极的效果（$R^2=0.645$）。

网络模型总连接性是生理健康质量PCS设计指数，它与PCS有着显著关联性，并且可以部分解释其PCS的变化（$R^2=0.661$），该指数与PCS有着正向关联，这表明随着它的提高，使用者的PCS值提高，其自身的生理健康质量也会更高。PCS设计指数反映了网络模型因子相互关系的紧密程度，随着紧密程度的提高，设计对于生理健康的影响越显著（$R^2=0.661$）。

3. 可达性和功用性是最显著的复合设计要素

研究通过对这10个网络模型的梳理发现：虽然没有固定的中心因子，但是出现最频繁的中心因子是可达性和功用性复合设计要素，这与复合设计要素的独立回归分析相符。这表明两者与其他设计要素联系相对比较紧密，是体现绿色开放空间影响健康的主要设计要素。可达性反映了绿色开放空间是否容易到达以及内部的运动锻炼设施是否容易接近，从行为修正理论的角度来看这决定了使用者开展体力活动的倾向因素。Hartig等人的研究也表明，相近的环境设定里使用者更加倾向于去距离较近或者到达更加便捷的绿色开放空间。功用性反映了绿色开放空间内部设施和场地的配置是否可以满足使用者的活动需求，丰富的锻炼和运动

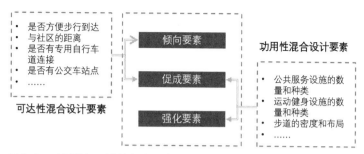

图6-6　功用性与可达性复合设计要素对于行为三要素的影响

设施有利于强化使用者开展中高水平体力活动的动力，良好的公共服务设施则有利于延长其活动的时间，从行为修正理论的角度，功用性决定了使用者展开体力活动的促成和强化因素（图6-6）。因此，可以理解功用性和可达性从内外两个方面极大地影响了使用者健康行为的产生、形成和强化，加强这两个设计要素是提升绿色开放空间设计健康效用的一个有效方式。

4. 基于PCS和BMI设计指数的评价

根据绿色开放空间网络模型的PCS设计指数和BMI设计指数，可得到所研究的10个绿色开放空间的综合健康评价。其中BMI设计指数为网络总连接性（S_n）和中心因子连接性（S_j）的乘积，PCS设计指数数值上等于网络总连接性（S_n），具体数据详见表6-8。

研究场所的BMI设计指数与PCS设计指数　　　　　　　　　　　表6-8

	M1	M2	M3	M4	M5	M6	M7	M8	M9	M10
BMI 设计 指数	−14.21	−10.42	−16.94	−22.9	−21.59	−14.43	−12.42	−24.00	−16.62	−16.08
PCS 设计 指数	−65.64	17.91	−153.53	−125.22	92.66	138.10	61.21	31.46	−3.94	−23.32

注：M1——盘门绿地；M2——干将桥绿地；M3——惠济桥绿地；M4——糖坊桥绿地；M5——桂花公园；M6——湖滨公园；M7——水巷邻里绿地；M8——红枫林公园；M9——金姬墩公园；M10——望湖角公园。

从上表可以看出，各个绿色开放空间在BMI设计指数和PCS设计指数上差异较大。从BMI设计指数来看，最低的是糖坊桥绿地、红枫林和桂花公园，三者是仅有的低于−20的绿色开放空间。最高的是干将桥绿地和水巷邻里绿地，两者的得分都接近−10。其余的BMI设计指数都处于−14～−16区间。考虑到BMI与使用

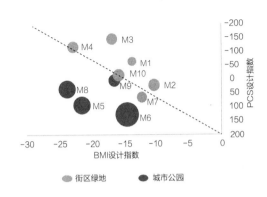

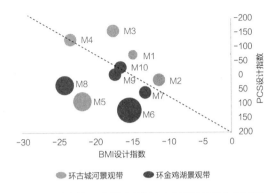

图6-7 空间类型分类案例的PCS设计指数与BMI设计指数

图6-8 地点位置分类案例的PCS设计指数与BMI设计指数

者的肥胖水平关系紧密，因此将糖坊桥绿地、桂花公园和红枫林公园划为BMI优秀型绿色开放空间，干将桥绿地和水巷邻里绿地为BMI一般型绿色开放空间，其余为BMI良好型绿色开放空间。

从PCS设计指数来看，最高的是湖滨公园和桂花公园，两者分数高于90并且湖滨公园优势更加明显。得分较低的是糖坊桥绿地和惠济桥绿地，两者皆小于–100。考虑到PCS与使用者自评生理健康水平关系紧密，因此将湖滨公园和桂花公园列为生理健康优秀型绿色开放空间，糖坊桥绿地和惠济桥绿地作为生理健康一般型绿色开放空间，其余作为生理健康良好型绿色开放空间（图6-7、图6-8）。

6.5.2 设计启示

本次针对复合设计要素对使用者健康影响的研究为绿色开放空间的健康促进型设计提供了线索和实证依据，具体如下。

1. 增强可达性与功用性与其他复合设计要素的关系

（1）增强可达性与其他复合设计要素的关系。将运动健身设施和场地与出入口结合布置，以出入口为节点形成专门的运动健身核心、服务支持核心等，将一些大型运动场地结合出入口布置，由此提升可达性与功用性复合设计要素的关系。将出入口与步道结合布局，使得出入口成为步道的一个重要节点，辅以相应的小品、景观，并强化出入口的夜间照明设计，突出其视觉可识别性和可监视性，由此提升可达性与步行性、连通性、安全性和美观性复合设计要素的联系。

（2）增强功用性与其他复合设计要素的关系。强化设施场地的设施材质柔性处理，采用醒目的色彩来区别不同类型的场地设施，结合步道结构和使用者的体力来布置运动健身设施节点和休闲设施节点，不同设施节点之间应该有着便捷的交通联系，并且尽量做到视觉可及，同时强调场地的无障碍设计和步道的无缝连接，由此提升功用性与美观性、安全性、步行性和连通性的联系。

2. 以控制肥胖和改善生理健康为目的布置场地和设施

无论是复合设计要素本身还是网络模型分析方法，都发现绿色开放空间设计产生的健康效用主要集中在控制肥胖和改善生理健康方面。因此，在具体的设计中应适当增加促进使用者进行有氧运动、控制体重的设施、场地和器械，如单双杠、太空漫步机、塑胶跑道等，没有必要在运动健身场地中布置精美和大量的绿化景观，防止这些景观设施挤占活动场地，但是需要保证活动场地周边一定的绿视率。

3. 街区绿地的活性设计

根据BMI设计指数和PCS设计指数的综合分析，发现街区绿地在健康效用方面要稍弱于城市公园，主要原因在于步道结构和活动场地的不足，为此本研究提出了活性设计的概念，将街区绿地进行公园式的活性设计，结合其已有的自然景观进行绿色开放空间活力的织补，包括完善其步道体系并建立环状的步道主干，同时增加运动健身场地，尤其是某些大型活动场地。

本章小结

本章探讨了绿色开放空间设计与使用者健康的具体关系，延续了上一章对体力活动的研究，采用网络模型的分析方法，对于复合设计要素和使用者健康进行了比较分析。

不同的复合设计要素与使用者健康有着不同程度的关联性，其中最显著的为可达性与功用性复合设计要素。这些要素主要产生的健康效用体现在控制肥胖和改善生理健康质量，与心理健康方面关联性较少。其中，与身体质量指数BMI有负向关联的要素从大到小依次为：可达性、功用性、步行性、连通性、安全性复合设计要素；与生理健康质量PCS有正向关联的要素从大到小依次为：可达性、步行性、功用性、连通性复合设计要素；与心理健康质量MCS有正向关联的要素是美观性。然而，这仅能证明设计要素与某些健康水平有着相关性，并不能解释其因果关系。

利用网络模型的方法对于复合设计要素与健康的关系进行综合分析，结果表明该网络模型的两项参数与使用者BMI和PCS有着较强的拟合关系，基于此提出了绿色开放空间的BMI设计指数和PCS设计指数。随着BMI设计指数的提高，使用者的肥胖概率呈现一定下降趋势，随着PCS设计指数增加，使用者生理健康质量呈现一定程度的提高。基于分类可以发现，城市公园类型绿色开放空间的PCS设计指数和BMI设计指数要好于街区绿地类型，从两个指数的分布也可以看出，所研究的案例在通过体力活动促进健康这一方面空间特征差异很大，呈现较大不均衡性。

绿色开放空间对健康的影响既与复合设计要素本身有关，也与设计要素的相互关系紧密程度有关，这表明绿色开放空间的设计在增强某些设计要素的同时，也应该考虑设计要素之间的协同性。绿色开放空间网络模型是建立在六个复合设计要素基础上的分析模型，它既包括要素本身，也涵盖了要素之间的相互关联。

第 7 章

绿色开放空间
促进使用者健康的
设计策略

7.1 循证设计

7.1.1 绿色开放空间的循证设计

1. 循证设计的内容

循证设计（Evidence Based Design，EBD）是指"严谨、准确和明智地利用现存的、由研究和实践产生的最佳证据，并且与委托方一起解决问题的过程"[180]，它强调了证据的来源，不仅包括已有的研究成果，也包括特定场地和人群的建成方案。美国加州的"健康设计中心"（Center for Health Design，CHD）将该定义简化为：环境的设计抉择建立在可信的研究之上，从而达到预期效果的一种过程[181]。

循证设计是建立在循证医学和环境—行为学基础上的设计方法，两者也是循证设计的两大分支，最早通过环境设计的评估和使用后分析为医疗设施和环境设计提供广泛的指导原则，如Ulrich根据医疗环境的研究提出了帮助患者术后恢复环境的四条准则：①增强对于环境的可控感和私密性；②促进社会支持；③提高体力活动；④利用自然恢复性作用缓解压力。

循证设计主要参考了转译性的思想，循证医学利用转译性研究连接基础研究和临床研究，循证设计则采用转译性设计来连接研究与实践。完整的循证设计是一个螺旋上升的过程，包括实证研究、证据分析、设计时间和设计后分析，从设计到实践需要对研究实证进行对比和批判式理解与分析，并根据实践进行分析，其中有价值的信息可以成为下次实践的证据，如此循环往复，对于环境设计的要点不断清晰和明确，从而推动整体设计水平的进步。

2. 循证设计的方法

健康设计追求对于使用者身心健康真实有效的方式，因此实证研究是循证设计的基础，它的研究成果可以为设计决策提供依据。目前，循证设计相关的实证研究依据主要是环境设计要素产生的相关健康效用，它包括主观和客观两部分，前者是指病人对于生活质量和健康水平的满意度、幸福感、自我分析等，后者多为生理指标，如BMI、血压、心跳频率、止疼药剂量等。

从学科来看，环境设计的健康效用机制较为复杂，每个研究领域的侧重点都有所不同，无法仅仅凭借某一个实验证据来断定某种设计要素的健康效用。Zeisel将医学与环境—行为研究统一起来，提出了环境—行为—健康三位一体的概念模型[182]，为循证设计提供了更多的证据，并且更加有说服力。

在环境—行为—健康模型中，进行循证设计研究的具体方法包括主观和客观两种。其中，主观包括本研究采用的半结构式访谈、问卷、注意力测试等环境行为学方法，客观方法包括唾液皮质醇、皮肤电传导、血压心率等，但是很多情况下采用主客观相结合的方法可以更全面地反映康复作用。

3. 绿色开放空间的循证设计思路

基于循证设计方法，结合绿色开放空间研究与设计的关系，建立了绿色开放空间健康设计的循证设计模型，以实现设计—研究不断循环往复的过程（图7-1）。

在研究方面：①需要理解绿色开放空间产生健康效用的途径，根据多个学科的研究，其产生健康效用的途径包括了主动参与和被动接触两种，主动参与是较为综合并且能级更高的健康效用途径；②需要研究绿色开放空间环境组成，从使用的角度，它主要由点要素——设施场所、线要素——步道以及面要素——可活动和景观区域组成，这些要素的不同组合对于使用者的体力活动产生了不同影响；③绿色开放空间影响体力活动的设计要素，从体力活动角度来看，其典型的设计要素由可达性、连通性、功用性、步行性、安全性和美观性组成，这些设计要素的相互关系可以反映设计对于肥胖等生理健康的影响。

在设计方面：根据研究的结果，环境组成应能通过提升使用者体力活动水平来提高其健康效用，另外增加设计要素的相互关联性，采用复合性的设计可提升其健康要素。

对于完成项目进行使用后分析，从设计来检验研究。一方面对使用者使用绿色开放空间前后的健康成果进行比对，探讨绿色开放空间对于使用者生理健康和心理健康的影响；另一方面对绿色开放空间使用情况和环境特征进行调查、分析，从而得出该设计存在的优势和劣势，作为下一次研究的依据。

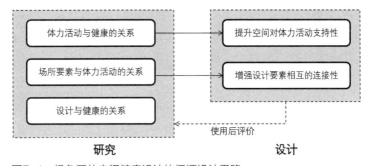

图7-1 绿色开放空间健康设计的循证设计思路

7.1.2　循证设计促进使用者健康

循证设计思想在城市和建筑设计领域的实际应用主要包括两部分：健康设计导则以及健康设计案例。两者分别从理论应用和实践操作两个方面阐述了公共健康领域的研究成果如何转译成为设计策略与实践结果。

鉴于对城镇化的反思，西方国家较早地提出了一系列健康设计导则，旨在通过改进建成环境来应对城市蔓延导致的以肥胖相关疾病为代表的公共健康危机（图7-2）。这些设计导则主要是基于已有的实证研究成果和理论，提出的旨在提高市民健康水平的城市或者建筑设计策略集合。比较著名的有："设计促进活力生活"设计手册、纽约市公共健康空间设计导则、洛杉矶RAND设计指导手册等。考虑到城市形态更加接近于我国城市的高密度特征，这里着重讨论的是纽约公共健康空间设计导则。

该设计导则是纽约市针对21世纪肥胖及其相关疾病这一美国城市最严重的公共健康问题而提出的城市物质空间层面设计策略，这也是第一个基于循证设计理念在城市与建筑设计层面的公共健康设计策略。它是由纽约市工务部牵头，健康与心理卫生部、交通部和城市规划部联合制定的一项综合设计导则。这是目前世界上以政府为主导较为全面的基于城市和建筑设计领域提出的健康设计导则。

该导则在循证研究的基础上，主体分为城市与建筑设计两个部分，根据研究的支持力度不同，将设计依据分为三级：①已经被研究充分证明的策略，充分证明是指至少2个以上的长期纵向研究或者5个横向研究支持；②有待被新的研究证实的假设和论断，该部分的意义在于促进以健康干预为目标的研究的进展；③被行业公认为最为可行的实践策略。

依据证据支持的强度，该导则提出了6个设计干预方向、12类设计要素、

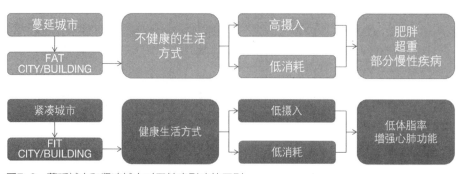

图7-2　蔓延城市和紧凑城市对于健康影响的区别

9类设计策略。其中，针对"公园绿地、广场和游憩设施"进一步提出了开放空间的健康设计策略：①将开放空间作为区域发展的一部分，统筹考虑建筑与其关系，以促进体力活动；②通往开放空间的自行车道和步行道应该满足安全的需求，并且可视性强；③在新的建设中，尽量将开放空间集中布置而非分散布置，并且距离居住区尽量满足10分钟的步行要求；④在写字楼和商业场所附近布置健身设施和步道；⑤开放空间应该为使用者提供步道、跑道、游戏场和饮水设施；⑥新的规划项目应该布置在现有公共和私人游憩设施附近，鼓励增加包括室内活动空间等设施；⑦开放空间的设施应该考虑到当地人口特征和文化偏好；⑧与有关组织和志愿者合作，共同监管和维护建成区的绿地和花园。

该导则不仅提供了针对公共健康问题的具体城市设计策略，也提供了健康研究转变为设计实践的一个循证设计方法，它明确了建筑和城市设计师在城市公共健康领域中的角色和责任，改变了传统设计师在该领域职责的缺失。该导则统筹了健康设计与可持续设计，仔细观察设计导则每一个条款，发现健康设计并不是孤立的存在，也不是突然出现的一个新的事物，而是与绿色城市所倡导的低碳环保生活方式相一致的。作为一个导则，它也体现了健康设计是一个具有灵活性和引导性的弹性设计策略，而非一个设计规范，它具有一定的广度和深度，为设计师的创作提供启发而非束缚，并贯穿于整个设计始终。

虽然该设计导则对于本研究有着一定借鉴作用，但是它并没有详细阐述绿色开放空间区别于其他类型开放空间在健康效用上的特殊作用，也并没有深入其机制而提出优化健康效用的方法，在整个导则里面，绿色开放空间似乎本身就是代表着健康，只需要关注它与其他建筑的关系，对绿色开放空间的理解还停留在其产生健康效用的被动途径上，忽略了使用者的能动性。

然而该导则的确就促进使用者体力活动来促进健康进行了阐述，主要是关于如何鼓励市民健康出行，其主要研究的体力活动类型是步行和自行车出行，但是对于市民的其他类型休闲行为促进措施并没有更深的阐述。部分原因是其没有将绿色开放空间作为一种活动场所而联系起休闲行为和健康，绿色开放空间是市民户外休闲行为最主要的载体，并且随着城市居民休闲时间比重增加，其对健康的重要性不断凸显。

7.2 基本设计要素促进使用者健康

从绿色开放空间对健康的影响途径可知，提高使用者体力活动水平可以对市民健康，尤其是应对城镇化带来的公共健康危机——肥胖相关慢性疾病有着明显益处。通过设计提升使用者体力活动水平的意义体现在以下三点。

（1）从预防—治疗—康复的角度来看，绿色开放空间的健康益处主要集中在前端。体力活动是实现预防导向健康效用的主要途径。先前的研究已经表明它可以通过促进体力活动而主动提升使用者健康水平，尤其明显的是在肥胖及相关疾病的预防上。

（2）从动力学的角度来看，绿色开放空间设计正在从景观—功能逻辑向生态—健康逻辑转换，对于健康的考虑也逐渐从被动接触向主动参与转换。主动参与是绿色开放空间对于人健康益处的更高能量级和更加综合的体现。这个转换的过程反映了绿色开放空间本体从视觉的空间向参与的空间、要素的空间和共享的空间转换。

（3）从研究内容的深度来看，绿色开放空间与健康的研究逐渐从对比人工环境与自然环境带来健康益处的差异性，向绿色开放空间类型和布局带来的健康益处差异性转变，这进一步细化了环境组成和空间要素组合对于健康影响的差异性。

《城市绿地设计规范》GB 50420—2007（2016年版）对于体力活动相关内容仅在7.10"游戏和健身设施"一节中提到了"城市绿地内儿童游戏及成人健身设备及场地，必须符合安全、卫生的要求，并应避免干扰周边环境"，"儿童游戏场地宜采用软质地坪或洁净的沙坑。沙坑周边应设防沙粒散失的措施"。《公园设计规范》GB 51192—2016对于体力活动相关内容在4.2.11条提到"主要园路应有引导游览和方便游人集散的功能"，6.1.4条提到"园路应与地形、水体、植物、建筑物、铺装场地及其他设施结合，满足交通和游览并构成完整的风景构图"，8.6.5条提到"室外游戏健身场地宜设置休息座椅、洗手池及避雨、庇荫设施"。可以发现，规范仅规定了游戏健身设施的一般性原则，或者对于设计要求仅基于工程和安全性原则，并没有涉及具体设施布置方法，也未考虑多种人群的健康需求。因此，本书在之前研究和规范的基础上，提出具体的旨在提升健康的设计策略。

7.2.1 优化点性基本设计要素布局

不同水平的体力活动可以带给使用者不同的健康益处，实证研究随着体力活动水平的提高，使用者可能获得更多控制肥胖和生理健康的益处，这与美国运动医学会ACSM提出的中高强度体力活动可以明显提升使用者健康水平相一致。

从健康的供应—需求逻辑来看，在绿色开放空间设计中提供满足其中高强度体力活动需求的场地和设施，并且鼓励使用者体力活动强度的提高是一个有效的循证设计方式。加拿大的一项研究表明，增加了健身设施的公园比较增加之前，其使用者人数从3.30人/小时增加到了9.56人/小时，定期使用健身设施和进行健康活动的人群数量是之前的3.6倍[183]，说明在绿色开放空间中增加健身设施可以有效地提升使用者的体力活动水平。

1. 合理配比心肺功能和肌体力量的场地设施

根据运动治疗理论（Therapeutic Pathway Theory），户外活动可以通过身体锻炼、竞技运动和健康行为三个方面来产生多种健康结果。不同场地设施布置对于引导使用者体力活动和满足其锻炼需求有着不同的影响。从具体健康效用角度来看，提升体力活动水平的场地设施可以分为促进心肺功能和肌体力量两类。

（1）优化心肺功能场地布局

心肺功能场地主要承载着以有氧运动为主的中高强度体力活动类型，在绿色开放空间中主要支持的是闲暇有氧运动，它是促进健康的体力活动的主体，它可以针对我国市民面临的最大健康威胁——心脑血管疾病进行预防和缓解。闲暇有氧运动是使用者在绿色开放空间中进行最多的运动类型，心肺功能场地可以进一步分为个体类场地和集体类场地。

个体心肺功能场地以锻炼目的为主，其特点是老少皆宜并且可以独自完成。活动者在活动的过程中出现"远离"的恢复效果，可以使自己暂时脱离外界的干扰，对于在喧嚣的城市中生活工作一天的人们是一种很好的休闲方式。

1）个体心肺功能场地主要支持的活动类型是慢跑、散步、快走、游泳等。对于这类活动，设计需要提供相应的支持性场地，需要提供一定的线性空间，在某一方向上有着较大的空间尺度。这类场地对于活动空间质量要求较高，因此可以结合绿化和水岸，尽量采用塑胶跑道路面以提高使用者的安全性和舒适性。苏州环古城河绿地景观带中专门规划了一条健身步道，以柔性沥青路面为主，避开机动车道，将环河若干绿地全部串联起来，但是也有局部宽度过小、难以支持跑步的缺陷。

可以考虑在大型居住区内结合外围绿地环路形成跑道并与部分宅间绿地连接形成"8"字形结构，在有限的空间内增加步道和跑道的长度，形成居民家门口的慢步道。这是由于在居民区的10分钟可步行范围内很难找到可以容纳心肺功能场地的公园绿地，常见的小公园和街头绿地在0.4hm²左右，其周长一般为80m左右，为实现慢跑或者步行30分钟的目标，人们需要围绕这个场地运动30圈左右。因此，需要充分发掘城市空间中大型公园、线性河道等可以提供心肺锻炼场所的绿色开放空间，另一方面共享已有的运动设施如学校中的田径场、篮球场等。这是一种较为节省资源的方法，但是对于管理要求较高。

2）集体类心肺功能场地主要支持球类活动，如羽毛球、篮球和足球等。这类活动往往有着一定规则，需要其他人共同协作进行，这类活动除了锻炼的目的，也带有强烈的参与性和游戏性，活动者在参与的同时还能收获信心和同伴的信任感，因此达到锻炼身体和愉悦心情的双重效果。

集体类心肺功能场地的设计除了满足功能要求之外，还需要塑造一种支持集体活动的氛围，在活动场地的周围应布置相应的观看空间，创造一种看与被看的关系。同时，在场所的配置上应考虑不同年龄段的适应性，如乒乓球、门球、羽毛球等。这类场地既可以满足老人普遍的身心条件也可以为青壮年提供一个活动量上升的适应性平台，促进其养成有益健康的运动习惯。巴拉圭的梦想庭院花园（Courtyard of Dreams），根据使用者年龄和需求，巧妙地利用一条空中步道桥将运动场地划分为集体和个体心肺力量活动场地，线状的步道桥成为个体跑步、散步的场所，同时，也提升了集体活动场所的围合感，并且设计师考虑了两者之间的缓冲空间。

（2）优化肌体力量设施布局

肌体力量的锻炼主要是强化肌体强度、增加身体韧性的无氧运动，它可以通过增加使用者对于身体的控制，更好地执行日常生活任务来提高生活质量。这部分空间的设计目标更关注对于高质量生命的追求，如果说心肺功能是满足健康需求的核心要素，肌体力量设施则是优化健康供给的完善要素，在物质层面它主要分为两类设施：肌肉锻炼设施和柔软锻炼设施。

1）根据使用者年龄分层次布置健身器械。在绿色开放空间肌肉锻炼设施主要以免费的公共健身器械形式出现，但是这些器械在布置和使用上问题也较为突出。由于缺少对使用方法的认识，屡屡出现器材伤人的情况，反而成为部分使用者受伤的源头。除了缺少健身指导的必要设施和教育，器材布置路径及空间环境布置也有着一定关系，根据国家体育总局的《全民健身路径锻炼游戏竞赛方法》，这些器械的布置有着内在的健康联系并且需要成套布置。然而目前的健身器械往往是后期补充的，其布局也是见缝插针式的，并没有明确的空间和健康顺序，这助长了器械使用方法的混乱，降低了健身功能。

健身器械可以根据健康益处的不同、年龄组的不同呈组布置，通过绿化和铺装加以区分，并辅助以铺装箭头来引导合理而全面的使用顺序，这样可以增加健身器械布置的专业性。

2）结合边界空间嵌入柔性锻炼设施。柔软锻炼设施主要通过支持伸展类活动，如体操、广场舞、瑜伽等，实现对活动者柔韧性的增强。这类设施并不需要特殊的器械，往往是一小块空气新鲜、环境安全的场地即可，它可以是有着一定规模的场地空间，广场是这类活动的主要构成形式，它需要一定的面积满足集体活动的需要，同时保证场地平整。

柔软锻炼设施可以通过多种渠道满足，公园的小草坪、广场都可以变成柔韧性活动潜在的场地，这也是居民进行伸展活动最主要的场所。同时，这种活动有着较强的参与性和观赏性，可以通过整合绿色开放空间中零散的场地来支持。

2. 针对使用者生命周期布置活动场地和设施

体力活动的设施布置需要考虑使用者的生命周期，不同生命周期阶段的使用者有着不同心理状态、行为特征和使用偏好，设施需要满足使用者生命周期的特点，才能有效促进使用者中高强度的体力活动。

生命周期对于活动设施的影响体现在活动特征和类型上。随着生命周期的展开，儿童开始逐渐开始尝试新的活动，这种状态一直延续到生命的中期达到最大，位于生命周期末端的老人则倾向于较为熟悉的活动项目，以寻找相对稳定的心理感受。在活动类型丰富程度上，人们的追求也经历了由少到多、再由多到少的过程，儿童和老年由于体力较弱，从事的活动类型较少，中青年精力充沛，可以尝试多种不同的活动。根据调研结果，绿色开放空间中使用者主体是老年人和儿童，因此场地设施布置针对这两个年龄层的使用者着重考虑。

（1）针对老年人的活动设施配置

老年人心肺功能下降，供氧、供血水平的降低也导致其无法满足高强度体力活动的需求，并且由于骨密度和钙质流失，容易跌倒和扭伤。这些生理特征的变化导致老年人健身锻炼活动类型有限，步行、快走成为其在绿色开放空间中主要的活动类型，并且对于休息设施有着较高的需求。研究表明，健康老年人步行疲劳极限为10分钟约450m，其休息设施和锻炼设施的布置应该以这个距离为半径，考虑到老年人喜欢聚集在公园门口活动，因此主要考虑以出入口450m为半径布置各类设施。

针对老人的活动设施应该避免高强度和对抗性的活动场所，提供一个较为安静且可以遮风避雨的场地。一方面老年人的心肺耐力无法支持剧烈的对抗性活动，另一方面老人活动的场所应该避免与这些设施邻近。在苏州金姬墩公园的访谈中，就有老人反映不愿意在篮球场周边的器械场地活动，一位老人表示"年轻人打篮球的声音太大，心脏受不了"，另外也有老人担心篮球砸到自己的身上。

（2）针对儿童的兴趣和安全性的活动设施配置

儿童的体力活动水平对其健康影响体现在心智和身体的发育上，而非心肺耐力和力量的锻炼上，日常的游戏活动即可满足其保持健康的需求。在设计上应该考虑空间要素对于儿童的适应性，保证儿童处处都有安全的、有趣的游戏空间，这不仅仅是满足儿童的需求，也是提供家长活动的机会。

安全性是其设计的主要考虑要素。根据德国多特蒙德大学的一项研究，7岁前儿童由于独立活动能力差，其活动场地主要是宅旁绿地或者父母陪同在附近公园内游玩。然而将儿童的活动限定于特定的空间范围是不利的。绿色开放空间的设计应该是适合儿童嬉戏玩耍的一个大活动场地，除了儿童专门的游戏场地也要考虑设置不同层级的儿童和青少年活动场所，8岁前儿童游戏场地主要为设施类，8岁以后不仅有设施类，也需要提供进行球类活动的小型活动场地。如哥伦比亚的胡里奥公园利用材料和遮阳设施明确地界定了不同年龄段儿童、少年和青年的活动场地，共划分了五个等级。

3. 布置生物展示的场地及设施

生物展示设施既体现了对场地周边鸟类和动物的吸引性和关怀性，又能极大地激起使用者探索绿色开放空间的兴趣，从而促使体力活动的发生。基于实证研究，生物展示设施可以对人的中高水平体力活动产生较大的影响，尤其是鸟类展示设施，如规划公园的飞禽展示区，每天可以吸引大量儿童和家长喂食和互动。另一方面，鸟类和野生动物数据一般很稳定，行为较为规律，不受步行间隔和步行方式的影响，具有对步行活动较大的促进作用。在这一点欧美等国的实践和研究起步较早，一般生物展示的场地设施包括两类：大尺度设施包括池塘和树林，小尺度设施包括喂鸟器、饮水器等，此类是动物的栖息之地，也成为绿色开放空间最有活力的景观设施。

7.2.2 改善线性基本设计要素结构和品质

在绿色开放空间中最为普遍的中高强度体力活动是步行类活动，包括：散步、快走、慢跑、倒走、遛狗。这类活动受众广、对于场地要求低并且对心肺功能、肢体柔韧性有着显著益处，是带给使用者健康益处的主要活动类型。这类活动主要沿着步道和周边休息活动场地展开，苏州实证研究表明，优化步道结构和空间品质对于中等强度体力活动有着促进作用。

根据之前实证研究可知，步道结构对于步行活动的影响是基础性的，仅仅增加步道长度无法有效提升步行类活动，需要结合改善步道的空间品质来共同促进步行类活动的发生。因此，可以将优化步道设计的措施归纳为优化步道结构和提升步道活力。

1. 优化步道结构

（1）建立层次清晰的环路结构

环路体系有利于促进使用者规律的步行活动的展开，设计合理和清晰的步道结构，道路尽可能成环并且有不同的回路可以选择，从简单的环状结构到较为复杂的多环套连结构，避免出现尽端路和死胡同，否则会造成使用者走回头路从而产生沮丧情绪。

步道应该可以清晰地将出入口与各个活动场地连接起来，并保证步道形态有所变化，沿途景观尽量多样，使得步行者可以到达想去的活动场地而又不觉得疲惫。此外，基于老人和儿童的身体情况应该布置一些捷径，形成长度不同的可返回路径，捷径与环路尽量呈垂直交角，避免容易认知混乱的锐角，并且捷径尽量采用不同的着色来区别，以便老人今后根据自己的体力选择合适的散步路线。加州圣迭戈的一个拉丁裔社区将长青公墓周边的人行道改造成了一个1.5英里的环境漫步道，通过地面的彩色塑胶区分散步和慢跑活动，自从该环形步道修建之后，使用者人数增加了5倍，慢跑人数增加了8倍。深圳人才公园将深圳湾公园和体育中心通过慢跑道连接在一起，围绕着海面形成了一个大型环道，每个周末都有大量的市民使用和活动举行。

（2）优化步道骨架与出入口的关系

加强两者关系有助于吸引更多使用者参与步行类活动，绿色开放空间的主要出入口是使用者喜欢停留的地方，然而根据苏州的调研发现，入口处生活气息最浓，能看到来往人群，并且能够碰见同伴和邻居。使用者在主入口区域的活动主要是休憩、聊天等低强度体力活动，对于其生理健康裨益较小反而容易导致静态的休闲方式。

优化步道骨架与出入口的关系可以吸引使用者进行步行类活动，提升其体力活动强度等级从而带来更高的生理健康益处。增加步道骨架与出入口关系的具体措施包括通过雨棚和花架来连接主入口与步道,提供使用者一定遮蔽的路径,为夏季和雨雪天气提供一定缓解作用;设计一些直线捷径连接主入口与步道骨架,这个捷径可以让使用者提前返回;利用绿篱对于入口进行限定,对于机动车交通产生一定隔离,增加使用者的安全感。

(3)连接明确的目的地

在步道结构上布置明确的目的地和目标,防止使用者无所适从。研究表明,有着明确目的地连接的步道结构可以使得行人更加容易记忆,从而建立自己的锻炼路径。这些目的地包括了内部的主要节点以及外部目的地。

可以根据健康的需要,在步道沿线统一布置地标来帮助步行者定位,并且计算其步行距离以及消耗的能量,这些地标可以是标识、标志物、喂鸟器、旗杆、路灯等。研究表明,布置形式简单且沿途景色单一、均质的步道会造成步行者厌倦和寻路困难。沿途具有产生地点认知强化作用的一系列参考标记点则有助于记忆。

外部节点主要是城市建筑和设施,某些线性绿色开放空间可以用在城市中不同功能的点,合理的功能和距离选择可以使得绿色开放空间的步道兼具日常交通的功能。例如,西雅图的伯克—盖尔曼绿道,通过线性绿色开放空间的整合,将学校、医院、超市和社区连接在一起,不少社区居民选择其中步道为日常通勤、购物的路径。

2. 提升步道空间品质

(1)采用折线和曲线形式来提升步道的多样性和趣味性

虽然明确清晰的在可视范围内距离最短的步道可以给人安全感,但是过于简单直白的步道会让人失去步行的兴趣。根据苏州的实证调查,步行者喜欢多样步道形式带来的丰富步行体验,在一定的步道结构下,增加步道形式多样性可以促进步行类活动的发生。根据已有的经验,增加步道多样性的措施包括:增加步道沿途设施和景点以及采用多曲折的步道形式。

已有研究表明,等距离的直线道路与折线道路相比,直线道路会因心理距离更长而让使用者产生排斥,曲线和折线的心理距离短有利于促进人们的步行类体力活动。通过采用距离小、曲折多的方式可以提供步行者更为灵活的选项,利用折线打造较为动态的形态,有利于提高使用者进行更高强度体力活动的欲望。使用者可以根据自己的需要选择路线和步行总量,曲折的路线在增加绝对步行长度的同时产生了步移景异的效果,提升了步行的趣味性。这种方式尤其适合面积较小且地势平坦的绿色开放空间。

针对长距离、曲折少的步道形式，可以考虑结合已有的自然要素来增加步道界面的多样性，增强步行的趣味性。具体措施包括步道结合水景和岸线布置，增加步道的自然气息，人类有着亲水天性，靠近水岸的步道可以有效降低长距离步行活动带来的疲劳，水体所带来的调节小气候功能也可以使得水岸更加舒适，使人身心愉悦。同时，步道设计时要考虑沿途景观变化的层次和丰富性，在步道周边提供景观小品、喂鸟、宠物嬉戏的地方，以增加步道的活力。根据苏州的经验，可以考虑以25～60m布置一个步道景观单元来控制景观变化。

（2）结合自然景观要素来提升步道的舒适性和私密性

步道的私密性和舒适性是影响其使用的主要空间品质特征，它可以增加步行类活动的时间和频率。私密性措施包括沿着步道主环路布置安静、可以独处的绿色空间，这些空间可以在某一个角落，有着种类丰富的植物环抱，并且座椅面向步道，提供心理上的安全感。根据使用者不同需求创造不同私密性的空间，从独处到两三人密谈再到多人交往聊天都可以选择，其中人数较少的可以离步道的交叉口远一些，反之亦然。此外，通过抬升漫步道打造立体的散步休闲系统也是一个提升私密性的有效方式，它带给步行者一种居高临下的步行体验，同时植物的树冠也会提供更加好的遮蔽，这种方式适合在地形有着一定高差的丘陵或者山地绿色开放空间，受地面水池、岩石等环境限制较少，并且也可以有效地保护老年人的安全。

步道沿线每隔不超过100m应设置一处遮阴庇护的休息点，休息区的座椅应该较为舒适并且可移动，对于老人的座椅应考虑旁边提供一定的轮椅回转空间以形成两三个人短暂交流的场所。对于年轻人可以考虑更加激进的设计，比如波兰帕柏里尼滨水空间常采用吊床的方式在木甲板上形成一个个水池般的休憩空间，为使用者提供了一种全新体验，深得年轻使用者喜爱。同时，集中休息设施的上方应考虑遮雨和遮风的处理，在材质的选择上，根据访谈的结果，大部分使用者倾向于木质，这种亲自然的暖性材质可以增强使用者的舒适感。

7.2.3 统筹面性基本设计要素配比

绿色开放空间中自然区域对于人体健康的益处不言自明，但是已有的研究和实证调研表明，景观区域比例与绿色开放空间被动的康复性作用有一定程度的关联，而与使用者体力活动水平的关联很弱，考虑到绿色开放空间主动和被动途径产生的健康效用有较大差异性，因此如何平衡两者的关系是提升绿色开放空间活力的一个重要前提。

1. 城市绿地的活性化设计

基于苏州的实证研究，可活动区域如广场、步道、建筑等的比例与中水平体力活动有着一定正向关联，增加绿色开放空间中可以活动区域的比例有助于促进使用者体力活动水平的提升，从而带来抑制肥胖相关的生理健康效用。然而现场调查发现，大部分受访者认为目前公园绿地中可以活动的区域面积并不够大，并且出现多种活动难以同时进行、相互干扰较大的问题。因此，在实际设计中应结合具体地形情况提升可活动区域的比例，根据马库斯在《人性的场所》（第二版）中的建议值，其可活动区域占比应该在28%～45%之间，并且至少有两块较大的平坦活动区域才能满足绿色开放空间的活力需求。

基于此本书提出了活性设计的概念，活性最初仅仅源于机能或作用（action）一词，是指化学物质迅速发生反应或促进一个快速反应的特性，本书借用这个概念来描述空间的体力活动强化过程，它包括对于已有的街区的活性化设计，将部分城市飞地进行绿色活性化设计。

（1）已有街区绿地的活性化设计

根据对苏州10个公园绿地的研究发现，在体力活动的支持上，城市公园整体要好于街区绿地。部分原因是街区绿地以美观、防护和隔离为导向的设计思路导致了"场地很绿，行人很少"的情况。而不少街区绿地，尤其是转角绿地可达性非常好，往往被当地居民自发地当成口袋公园、街角公园来使用。因此，通过增加此类街区绿地的可活动区域面积辅以相应的场地设施，可以很有效地提供居民进行锻炼健身的机会。增加可活动区域的方式包括增加硬质铺装小广场、小游园，围绕中心绿地布置健步环道，如上海张庙运动公园，将街角处一口袋公园改造成包括广场、跑步道、绿地景观等的一个提供居民多样公共活动的场所，也增加了城市居民深入接触自然的机会。

提升可活动区域的比例并不是单纯以减少绿化为代价来提高硬地面积，而是激活一些闲置的、人难以到达的大面积绿化，通过有效地增加活动场地和步道连接，使得人们可以在增加活动区域的同时更加深层次地接触自然景观，获得体力活动和自然恢复性作用的双重健康益处。绿色开放空间的健康效益与可接触性有关，增加可接触性本质上是提供自然景观的健康效用。这种接触包括视觉接触、路径接触和活动接触，随着接触等级的不断提高，其所带来的健康效用的广度和深度也不断提高。

（2）城市飞地的绿色活性化设计

在我国部分城市的快速城镇化进程中，常常在城乡接合部、铁路、港口周边产生大量的城市飞地，这些飞地既无法进行开发，也没有得到规划治理，往往杂草丛生、土壤裸露，成为城市中消极的飞地。对于某些可达性非常好，并且位置显著的飞地，可以通过绿色活性化设计来使其成为一个对市民健康积极的开放空间。国外已经有了大量的成功案例，如亨特南点滨水公园开发，利用纽约南点废弃的工业码头用地，结合水岸布置成一个充满活力的绿色开放空间，设计的核心是在第二阶段，新建一个1.5英里长的健步道将湿地景观、广场串联起来，不仅是一个都市生态景观，也成为市民积极活动的场所。依据已有项目的经验，这种活化设计的步骤如下。

1）确定目标人群，选择合适的城市飞地。并不是所有的城市飞地都有绿色活性化的价值，仅有那些可达性好、邻近市民居住地的才有提升市民体力活动的价值。

2）绿化场地，清理环境，明确出入口。城市飞地的场地环境往往比较杂乱，通过清理、平整和绿化首先将飞地改造成一个视觉上赏心悦目的绿色空间。

3）规划步道和活动场地。在绿色空间的基础上，结合城市飞地的形态，规划可活动空间。对于铁路沿线的飞地，可以形态灵活的步道路径为主干，衔接多个活动节点；对于大型堆场飞地，可以围合形成运动场地，辅以健身步道形成环形布局。

2. 优化可活动区域与自然景观的连接

（1）利用自然要素的围合来优化可活动区域的公私关系

绿色开放空间中的自然要素，由于林荫、围合与私密性的不同，对于不同程度的体力活动类型支持比例有所不同。以乔木为主的林荫围合感可以提升广场上高强度体力活动的支持程度；沿着步道私密性较强的乔木围合有利于支持跑步等高强度体力活动，公共性较强的灌木围合则有利于支持休憩和散步等中低强度体力活动；水岸和岸线总体对于步行类活动有着较高的支持强度，因此建议将水岸线开放，布置专门的跑步道并与慢速散步道进行区分。利用地形和乔灌木来分隔体力活动，提供适合集体活动的大场地和个人安静独处的小空间。

（2）利用自然要素的分隔来优化可活动区域的动静关系

不同使用者对于活动的动静特征有着不同偏好，如老人偏好安静、稳定的空间氛围，而青少年精力充沛并喜欢新颖的运动，可活动区域的划分应该满足这种动静需求，从而减少使用者之间的相互干扰。自然要素作为一种软性的分隔，相比硬质分隔如围墙、栅栏、建筑等，可以在保证动静分区的情况下带给使用者更加舒适的感官体验。因此，设计上应考虑通过地形、植被和水等自然要素给使用者划分出以集体活动为特征的公共活动场所，以及个人安静独处的小空间。其中，公共活动场所应该离居住区较近，安静小空间应该距离出入口较远。

7.3 复合设计要素促进使用者健康

7.3.1 增强复合设计要素的中心性

中心性设计是指通过提高中心设计要素来增强网络模型的中心连接性，根据之前网络模型的分析，网络模型中心因子的连接性与使用者BMI有着显著的负关联性，因此确定中心复合设计要素，并加强与其他复合设计要素的连接可以有效地提高某些健康效用。

虽然每个绿色开放空间的中心要素并不固定，但是根据苏州的实证分析可知，出现频率最高的中心因子是可达性与功用性复合设计要素。可达性和功用性复合设计要素也是最终回归模型保留的两个自变量。从设计层面来看，这两个要素分别反映了绿色开放空间与外界和内部的关系，影响了体力活动的倾向、形成和强化。提升中心性的直接方式是增强可达性与功用性复合设计要素与其他要素的关联性，

1. 可达性复合设计要素

可达性是网络模型的典型中心因子，也是影响使用者BMI的典型设计要素。增强可达性与其他要素的关系来增强对于体力活动的引导，本质上是一种基于可达性基础上提高其他要素均好性的设计方法。提升使用者与空间的接触就是以可达性为主导，在综合考虑连通性、功用性、步行性、安全性、美观性的基础上，引导人们到达和使用绿色开放空间，进而开展体力活动来获得相应的健康益处。

（1）增强视觉接触

从视线联系出发，强化可达性与美观性、连通性等多个设计要素的联系来提升视觉接触，这是一种基于视线可达的综合设计方法。

1）建立视觉中心，增加绿色开放空间的视觉吸引力和建立视线联系。将有视觉特色的雕塑和植物等布置在入口、沿街等醒目的位置，或者通过打造视觉通廊将场地内部的视觉焦点引到外部。在保证安全的前提下，通透化处理场地的界面，减少布置高大乔木、围墙等视觉障碍。环古城河实例相比环金鸡湖实例较为封闭的原因之一就是其一半的界面为城墙，阻碍了与外部的视觉接触。

2）连接视觉焦点。利用视觉轴线将视觉焦点或主要观赏面与主要居住区、

办公区及商业区相连，如桂花公园中，设计师利用文化走廊将北侧居民区和南侧宝带桥滨水区连接在一起，吸引游人去宝带桥游玩时进入公园。可以结合观光塔、城墙等城市视觉焦点，将绿色开放空间视为绿色背景，如湖滨大道绿地以东方之门为依托，成为其欣赏背景。

3）提高绿视率。提高绿视率可以激发使用者亲近自然、散步等行为，在用地集约的绿色开放空间可以基于人视高度布置吊篮花卉方式提高绿视率。也可以通过密集种植高低差异的灌木和花卉丛来提高使用者活动场地周边的绿视率，要根据区域气候和光线控制落叶树种的比例，在乔木周边布置色彩明显、四季分明的灌木、花卉，展现植物的花、叶、干等观赏性，增强整体绿视率。

（2）增强物理接触

综合考虑可达性与步行性、连通性等多个设计要素，引导使用者路过、到达和进入绿色开放空间来展开深层次的接触，绿色开放空间可以被理解为是声景（soundscape）和嗅景（smellscape），所带来的健康益处随着接触深度的提高而增加。另一方面，物理接触与体力活动关系紧密，根据之前的研究，使用者倾向于在有着良好绿色视野和自然植被的地方活动。

1）增强物理接触要降低使用者到达难度。首先结合连通性，绿色开放空间的出入口应与社区、办公、商业等设施有着便捷的衔接，除了这些大的功能区，还要考虑其侧门与便利店、诊所、理发店之间的关联。其次结合步行性，布置显著的步行入口，并且结合无障碍设施和景观配置，鼓励步行到达，同时，也要考虑自行车的停车设施。结合安全性，尽量避免将主入口布置到交通繁忙的一侧，减少噪声干扰以及行人对于安全的担忧。结合功用性和美观性，至少布置一处面向街道醒目的出入口，尽量采用开敞式主入口布局，布置一些特征明显的标识，方便使用者定位和找到自己的朋友。意大利米兰的NOVA办公楼采用螺旋状和阶梯状的立体绿化实现了与基地旁边公园的无缝过渡，不仅形成了绿色的地表形象，也降低了办公楼使用者利用旁边绿地的阻力，阶梯状的图案选择也巧妙地创造了多个退台和平台，为大楼使用者提供了更多到达户外感受绿色的机会。

2）增强物理接触还要增加使用者路过的机会，结合功用性强化界面设计以吸引行人路过。如：沿着步道布置乔木种植，起到遮阳的功能；在一定步行距离内设置座椅，方便前往公园的途中休息；可以布置雕塑吸引原本只是想路过的人进入开放空间内部，在主入口附近布置清晰的介绍与指示牌也是一个有效的措施。结合连通性，将绿道、绿地等线性绿色开放空间与慢行交通系统结合起来，连接住区与目的地，如学校、办公楼等，增加了人们路过进而接近自然的机会，但是需要尽量避免刻意的设计，如路径围绕着一个剧场空间、水池空间等，而应该增加一些路过、经过的路径机会。

2. 功用性复合设计要素

强化功用性与其他设计要素的联系本质上是基于功用性的综合设计方法，反映在空间上就是通过增强功用性与可达性、连通性、安全性、美观性、步行性的联系来提升绿色开放空间对于体力活动的支持。根据使用者的活动类型，具体措施如下。

（1）增强场地对于步行活动的支持

首先结合安全性，感到安全是使用者愿意行走和漫步的前提。在平面布局中，应该尽量减少尽端路与阴影区，在必要的地方布置安全指示牌，通过视线的设计增加空间的监视能力。

其次结合步行性和美观性，优化步行环境以鼓励步行活动，路径可以根据自然植被的布置来设计。曲折的路径可以减少使用者的乏味感，不断变换的视野和多样性的自然景观有利于减少使用者的乏味和疲劳感，沿着水面布置路径是一个有效吸引使用者的方式。

最后结合连通性和步行性，尽量采用环状结构来布置步道，相比于自由式和尽端式结构，这种路线模式更加促进步行活动的持续性。适当加宽步行道，结合步行道提供多样连续的活动场地也是提高步行类活动的一个设计方法。

（2）增加空间对于健身运动类活动的支持

首先结合美观性，利用地面材质的区分来划分活动类型，比如通过不同的颜色、材质和路肩的样式来区分步道的速度。通过增加路标来提示特殊地标、步行历程，也可以增加锻炼的趣味性。可以利用地形的高差来组织一些活动场地，如利用高差布置滑板场地、结合小溪布置戏水场地。旧金山的山湖公园利用湖边缓坡巧妙地打造了一个色彩丰富的儿童活动场地，该设计充分利用地形原有特点布置了不同儿童活动设施，这些设施根据年龄和行动能力进行区分，并通过一个曲线缓坡组织在一起。

其次结合安全性，在设计之初将运动健身与总体设计概念相结合而非事后补充。场地设施除了应该考虑满足使用者的需求，也要布置相应的安全和娱乐设施，如儿童活动场地采用软木、沙土等软质地面。

最后结合美观性和连通性，尽量明确活动区域与非活动区域，鼓励使用乔木进行空间的围合，尽量减少实体空间围合。应考虑动静分区，减少不同场地的相互干扰，如将休憩、赏景的空间与儿童娱乐场地、体育运动场地等喧闹的场地进行隔离。这种隔离可以通过视觉元素的设计加以暗示，提醒使用者保持安静。

（3）改善场地小气候，增强活动舒适性

最后结合连通性，根据气候与朝向布置植被，使其遮风遮阳并创造舒适小气候。例如在夏季炎热地区考虑在活动场地的南侧和道路南侧布置乔木，起到遮阳的作用，提高使用者的舒适度并且增加其活动时间。较为极端的例子是阿布扎比的下沉绿洲项目（Sunken Oasis），这个12.5hm²的公园利用一系列伞状结构打造了峡谷和运河空间来对抗当地极端炎热的气候，在伞状空间下面种植绿化，峡谷和运河空间则成为散步、划船的空间，通过这种方式鼓励当地人进行户外活动。

7.3.2 增强复合设计要素的多样性

1. 针对业态的多样性

业态原本是商业用语，是指"满足消费者需求的营业形态"，从健康的供给—需求角度来看，不同形式的绿色开放空间可以看成是供给使用者健康的不同业态。传统的绿色开放空间设计往往依据功能划分为多个独立分散的区域，使得空间与空间相距较大，不同需求的使用者因为空间的分散而疏离，这种单一化的功能分区设计使得人与人间距拉大，降低了绿色开放空间的活力。

（1）绿色开放空间体育化。从促进体力活动角度来看，将运动、体育、健身等业态与绿色开放空间相结合是提升其健康设计复合性的有效措施。在韩国，都市公园系统中专门划出了运动公园专类，其中50%以上为运动场地与设施，实现了运动与绿色的结合，为使用者提供了一个健康的运动场地。佛罗里达州的North Myrtle公园结合海滩和湿地布置了6个棒球场和8个篮球场及若干室内健身俱乐部，将体育、度假、娱乐、商业四种业态结合起来，成为当地居民周末休闲的一个重要目的地，促进其休闲生活方式的体力活动水平。

在我国，国家体育总局也提出"公园体育化和体育设施公园化"的全面健身规划，出现了一批以地产和商业为动力的体育运动公园。重庆的龙湖动步公园位于重庆北部高新区，公园以健康乐活为主题，在保留原有自然地貌的基础上布置一系列运动、健身设施，有1×800m的跑道，标准塑胶网球场2个，标准塑胶羽毛球场2个，标准塑胶篮球场1个，增加了场地的复合性，并沿着场地周边布置了一圈漫步道，连接各个儿童和老年锻炼场地。云南省曲靖市的铁人三项公园，利用原有水库和山丘，采用盘山漫步道连接生态运动区、都市乐活健身区、坡地景观休闲区、森林慢活康体区、山地运动拓展区，打造了一个具有高原特色的运动健康公园。

（2）小型公园健身化。该方式是在小绿地和小游园中增加健步道和健身设施，这种方法成本低，但是实际效果很好。苏州市利用一条步道将环古城河的大部分绿色开放空间串联在一起，步道沿线布置健康宣传栏和步行计数标志，周末和下班之后沿线的绿色开放空间使用率明显提高。上海虹桥公园也采用了类似的方法，其面积仅有2hm²不到，通过一条385m的塑胶跑道，成为当地居民运动健身一大去处。上海徐汇区利用原有龙华机场废弃跑道打造了一条"生活跑道"，根据人们对于休闲、健身和运动的需求，提供各式各样的跑道，包括散步、慢跑和自行车的跑道，在两边辅以一系列多样的绿色景观。

2. 针对场地功能的多样性

场地功能的多样性是指可以容纳多种活动的属性，通过结合不同的建筑与开放空间，原本单一的场所变得复合和多样。这意味着它汇聚了多种人群和多个高频使用时间段，为空间带来了多样的属性，有利于提升空间的活力而促进使用者进行多种体力活动。另一方面，该方法通过叠加已有锻炼活动功能，达到场地的多样化使用，可以获得多类型的健康益处。通过增强场地的复合性，可以使单一场地支持多类型活动需求和使用途径，并满足多种人群的活动需求，从而提供多种健康益处。

（1）增加多功能活动场地。多功能场地是增强其复合性的主要途径，通过改变地面的画法可以将网球场改换成羽毛球场、篮球场。为了推广多功能场地，英国的两家协会制定了五类多功能场地的设计指引，不仅为各种活动组织提供了空间方案，也对场地内的活动优先级别进行了设计。2010年，国家体育总局发布了《关于建设社区多功能公共运动场有关事宜的通知》，多功能场地的建设在我国也逐渐开展起来。这种多功能运动场主要以球类运动为主，改善了之前健身场地以器械为主，只能吸引老人的尴尬局面。杭州星河湾在保留网球场功能的基础上，通过增加设施、场地划线等方式形成集篮球、羽毛球、晨练场地于一身的多功能场地，使得场地从原先单一的有氧运动健康供给，转向有氧无氧的综合运动健康供给；从只是在某个时间段的健康资源，转向全时段的健康资源。

（2）对于已有活动场地的活力升级。该方式是在已有场地的基础上改造或者增加活动内容和设施，提升其场地健康供给的复合性。例如，在公园的围墙上布置一个篮球筐，将一片灰地变为篮球场；在广场地面上画棋盘线，使之成为老人和儿童嬉戏的场所。因此，通过设计者的细心发现和创造可以使已有场地的健康供给能力增强。西班牙的坎塔布里亚街区公园是一个集游乐和运动功能为一体的社区公园，公园的设计重点在于利用高差将原有的缓坡地面打造成包括路滑场地、广场、户外剧场等在内的多种场地，地面区域开放性的布局扩展了各个活动空间的范围，由于公园的占地面积有限，要为周边社区的广大儿童、青少年和成年人提供充足的游乐和健身场所，面临一定的压力，所以建筑师将公园设计成了一处融合了小型喷泉、游乐场和运动设施的开放性空间，与此同时，地面上铺设了平常运用于地铁站台和公路地面的特色材料。

3. 针对使用者的多样性

绿色开放空间的主要使用人群为老人和儿童，调研发现对于老人活动的场地布置较多而专门为儿童设计的活动空间却十分匮乏，这与我国针对专门人群设施的研究起步较晚有关。因此，具有高度人群复合性的设计是满足目前使用者需要的主要方法。其主要措施是针对老人和儿童的复合设计，包括将儿童活动场地与老人健身器械毗邻，既满足儿童嬉戏的需求也能使家长在监护的同时获得一定的锻炼。如桂花公园的长廊开敞空间与儿童游乐场相邻，跳广场舞的人群在开敞空间，老人一边在长廊中看护自己的孩子一边打拳，这同时满足了成人监护儿童和健身的需要。水巷邻里的风之园大草坪是老年人打太极拳、舞剑的地方，是儿童奔跑嬉戏的场所，也是一家三口晚饭后走路散步的场所。合肥万科的仙境天堂艺术广场融合了口袋公园、社区花园、儿童游戏场地、艺术广场，为各个年龄段的使用者提供了一个相互沟通交流的场所，成为当地万科社区居民满足不同强度体力活动需求的场所。

7.3.3　增强复合设计要素的开放性

1. 增强人与自然互动的开放性设计

在绿色开放空间中，人与自然景观之间的互动关系是影响其健康益处程度的关键，两者的关系从浅到深分别为欣赏、体验、参与。其中，参与主要包括了参加绿色植被的生长过程，如种植、修剪、采摘、育种等，这个过程让使用者既成为自然景观的使用者也成为其创造者，可以给使用者的身心带来全面的益处，这是一种更高层次的健康效益，它源自人类进化过程中的，怀念生命中回归自然的本性，环境心理学称之为"亲自然性"。景观学科将这种可以通过参与种植过程获得某种健康恢复益处的方法称为园艺疗法。这种深层的互动是以社区花园或者租赁公园的形式出现的。

（1）建立社区种植区来鼓励人与绿色开放空间的互动

社区种植花园是以提供园艺活动为主的小型花园，这种花园中的使用者不仅是观赏者、使用者，也是创造者。园艺操作可以对使用者的身心健康产生全面的促进作用。社区种植园可以通过改造已有的社区绿地和花园来建立，通过提供相应的设施，如设计抬升花床、工具棚、小温室、浅池种植地、可手工操作的浇灌设施等，来满足正式的园艺疗法的需要或非正式的照料植物园的活动。

种植区设计要注重使用者的可接触性，应在使用者聚集的关键区域如出入口、休憩设施周边、大型场地周边布置可接触的植物，注重高低植物搭配，便于人对其直观感知和接触。同时也可以提供一些可移动树池和花池，考虑使用者的实际感官，也要满足残疾人的使用。

（2）建立租赁公园来经营人与绿色的联系

租赁公园不同于普通的绿色开放空间，市民是空间的创造者和维护者，政府层面主要负责划定地块并进行管理。这些用地往往是城市内较难开发的用地，目的是美化环境并满足市民耕种需求，用于租赁的花园往往集中布置，然后划分成若干小块后用于出租。花园中产出的果实、蔬菜归租户管理。

租赁花园源于西方国家，2012年伦敦在室内开发了2012块闲置用地，面对密集的城市空间，人们自发地将屋顶、废弃建筑工地、住宅角落改造为社区公园，并尝试在其中加入租赁花园的形式，充分挖掘社区周边的边角地和临时场地，鼓励社区提供可租赁的花园，一方面丰富了公共空间的类型，一方面也丰富了居民，尤其是老人和儿童的健康活动类型。

2. 增强健康资源时空共享的开放性设计

从体力活动角度来看，健康资源就是可以支撑使用者一定水平体力活动的场地空间，如专业的运动场地、多功能活动场地、儿童嬉戏场地等，共享这些健康资源就是在有限的空间内统筹考虑，提高健康资源的使用效率从而充分发挥它们的健康作用。这也是针对目前公园绿地中活动场地数量不足、品质欠缺问题的一个解决方式。在苏州的调研发现，虽然增加体力活动水平可以带来肥胖相关的健康效用，但是目前公园绿地内缺少足够支撑中高强度体力活动的设施和场地，尤其是田径和球类运动场地。以慢跑为例，调研的几个场地虽然有健步道，但是都没有适合慢跑的田径道。专门的田径跑道需要结合田径场建设，其占地规模较大而难以在普通的街区公园绿地落实。因此，可以通过共享的方法来增强绿色开放空间对体力活动的支持。增强健康资源共享的措施包括空间和时间的共享。

（1）健康资源的空间共享

空间共享是指通过与学校和体育设施的空间连接和贴临，使得绿色开放空间可以一定程度借用这些机构的设施和场地，从而提高对于中高强度体力活动的支持能力。虽然目前出于安全、维护的考虑，大部分机构采用封闭管理，但是可以通过空间上合理的设计在方便管理的同时解决运动场地和设施的开放性。如中国建筑设计研究院设计的宁波滨海国际学校，在规划设计时就与旁边的明州公园考虑到设施共享，学校利用明州公园的部分绿地作为拓展训练场地，明州公园则借用学校的部分运动场地为当地社区提供一个健身锻炼的场所。该中学西北侧为主要住宅区，因此学校建设时将室外运动场、球场、游泳池集中布置在西北侧，与明州公园一起成为服务社区的健身开放空间。宁波工会文化中心利用两边建筑的退台体量与中间的公园无缝连接，中间公园由三方共享，包括若干球场和一条漫步道，两边建筑的屋顶公园也由于这种退台处理变得容易到达。

（2）健康资源的时间共享

时间的共享是指通过集中的设计建造，由第三方来进行管理和维护，保证了设施的开放性，使得使用人群互不干扰。法国里昂市体育中心和周边社区共享室外田径、网球、篮球场地和附近的拉尼根公园。其中，早上7点到下午4点为周边学校使用，下午4点到晚上7点向大众开放，晚上7点之后到午夜供运动员训练使用。这样时间上互不干扰，并且根本上解决了场地设施使用效率低下的问题，为附近居民带来了更好、更专业的通过运动健身获得健康的途径。

7.4 促进使用者健康的设计价值取向

价值取向是价值观念的外在体现，是介于价值观和实践行为之间的中间环节，它决定人们设计实践的性质和方向，是影响城市与建筑设计的内在核心因素。不同的价值观念带来不同的价值判断、价值标准、价值信念和理想，形成不同的价值取向，也直接影响人们的城市规划设计等实践行为，带来迥然各异的城市发展和建设方向。正确合理的设计价值取向能引导人们选择合理的设计行为认知、观点及态度等，准确地结合时代、社会、文化的异同，选择和寻求科学正确的不同类型和层次的设计方法与策略（图7-3）。

7.4.1 促进体力活动水平提升的城市场所

绿色开放空间作为市民户外活动和城市生活的一个重要载体，不仅是一种自然景观，同时也是一个市民进行身体锻炼、社会交往的场所。对于其健康价值的挖掘不应该仅停留在净化空气、降低噪声等被动途径，应该充分考虑使用者个体的能动性，促进其体力活动水平，从而获得公共健康的益处。因此，体力活动导

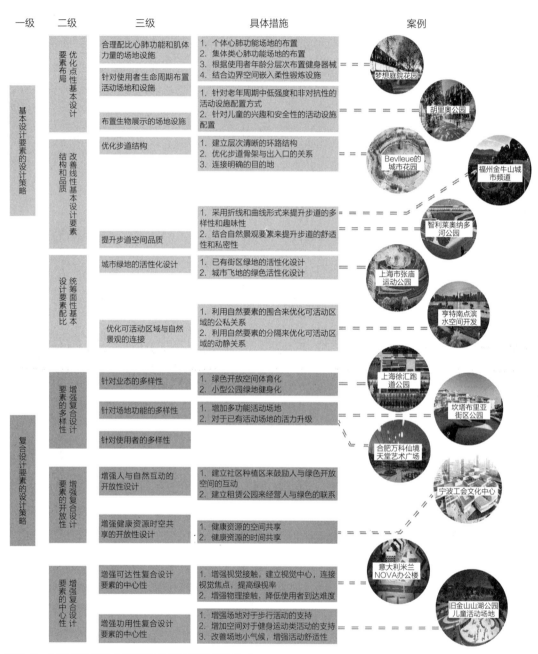

图7-3 提升绿色开放空间健康效用的设计策略集成

向的健康提升应该成为继功能、文化、美观、生态之后绿色开放空间设计的又一
价值取向。

1. 活动优先——注重运动场地和设施布置多元化

从促进体力活动的角度来看，市民活动的支持性和活跃性是绿色开放空间的

主要目标。支撑市民体力活动的主要载体是各种场地设施，因此在这种价值取向下，建立绿色开放空间相互连通的活动场地设施结构，建立多层次的设施体系，强调中高体力活动水平优先就成为其中的重要内容。

这与传统公园绿地强调绿地面积、植株多样性、景观美观性的设计思路有所区别，活动场地将成为绿色开放空间设计的核心和节点，在满足不同使用者体力活动需求的基础上，通过修复、重塑和保护的方法与绿化景观建立协调的关系，充分发挥自然元素的环境恢复性效用。

这也是一种人本主义的价值取向。随着社会发展，使用者对于户外休闲活动提出了更高的要求，尤其是年轻人已经很难满足简单的绿地美化，对于运动设施和场地的多样化诉求和现实中单调乏味的设计之间的矛盾是年轻人在使用者群体比重很小的一个重要原因。同时对于老年人，健身和社交的需求也日益提高，增加多元化的适老设施也是绿色开放空间健康设计应该认真考虑的一个议题。

2. 健康网络——注重步道结构体系化

无论是以前的研究还是本书的发现，步行活动无疑是绿色开放空间中最为普遍的活动形式，而健身步道也是使用者最为常用的空间之一。在绿色开放空间中，步道起到了结构骨架作用，用来连接不同场地、划分区域、导引景色等。在提升体力活动的设计价值取向中，步道应该被考虑为连接不同健康资源的动脉，步道本身也应该考虑使用者身体的实际情况进行快慢分流、环道处理、网络化处理等相应的优化。在价值取向方面，环道不仅是功能上的路径，更是使用者进行锻炼、健身的健康网络。

7.4.2 增强自然接触的城市活动空间

1. 外部的接触——方便使用者到达

提升绿色开放空间的可达性是这种价值取向外在和基本的表现，大量的公共卫生学研究证明了可达性对于使用者的重要性，接触绿色开放空间是一种自发性而非必要性行为，因此合适的距离、方便的路径、显著的入口等都成为增强使用者接触使用的一个重要手段。

另一方面，增加"路过"使用者也是很重要的方面，尽量增加使用者与绿色开放空间接触的时间和空间，例如，利用绿道连接公交换乘站点、超市等必要性活动设施，都可以增加使用者无意识的自然接触，在进行交通行为的同时获得自然康复性经历。

2. 内在的接触——增强人与自然互动

绿色开放空间的内在接触主要是指通过使用者参与某些园艺活动、植株的维护来进一步增强人与自然的互动。通过布置一些小型的园艺花园，组织一些定期的集体劳作活动项目，栽种一些果实类植株，从而将使用者融入自然元素的生命过程中，这是一种更加深刻的接触自然，在进行体力活动之余，也更深刻地体会到自然对于生命的重要性。

7.5 对于城市和城市开放空间的启示

7.5.1   城市开放空间的活性化设计

在城市设计中，应提倡开放空间对于各类体力活动的包容性，促进居民室外积极生活方式的养成。根据上面的研究，虽然我国开放空间人均指标在不断上升，但是可以适于进行中高强度体力活动的场地比例依然不足。因此，一方面需要对于已有的开放空间进行"活性化"处理，一方面应充分发掘城市空间的飞地，建立运动型的开放空间。根据对人体健康的影响，可以将绿色开放空间进一步细分为8类，包括棕色用地、植被恢复用地、水岸开放空间、主动休闲绿地、游憩广场、口袋公园、街景绿地和屋顶花园。强调将城市可用的绿色空间调动起来，通过增加使用者活动的设施、路径和场地来提高其对于休闲活动的支持，这一过程称为空间活性化（Space Revitalization）。

1. 邻近布置室外开放空间

根据纽约市的规划实践，室外开放空间应在10分钟步行之内。应当在办公和商业附近提供锻炼设施与步行通道。研究显示，居民锻炼和选择步行的意愿明显受到设施提供的影响[184]。在一项研究中发现，居住在绿色开放空间周围0.5英里和1英里的居民，每天在其中锻炼的时间分别为30分钟和10分钟。这种场地考虑到不同人的使用，尽量按照多用途场地来设计，增加活动场地中的健身锻炼器械。为儿童提供更多的活动场地，这些场地不需要太大，要与整个绿色开放空间尺度相匹配。大规模开发项目应当保证一定的开放空间比率，或者将建筑放置在靠近公共开放空间的区域。研究显示，居民在开放空间中活动的概率显著高于私人空间，充足的开放空间可有效促进日常体力活动水平的提高[185]。丹麦哥本哈根N-Play停车场改造项目，将一个毫无生气的立体停车场改造成为一个活跃的立体开放空间，其主要措施包括：建筑立面的立体绿化处理，并加设健身楼梯；

屋顶改造成一处锻炼活动场地，并且根据使用者需求进行明确的限定。

2. 整合城市绿地空间满足多样性要求

住房和城乡建设部发布的《关于促进城市园林绿化事业健康发展的指导意见》，要求各地城建部门按照"300米见绿，500米见园"的要求增加各类层级公园绿地，满足不同人群健康活动的需要。大型城市的中心，土地价格昂贵，建设大型公园并不现实。化整为零的分散式的街头公园、转角绿地，具有面积小、选址灵活、可达性好等优势，可以更加灵活地满足中老年人、儿童等不同人群亲近自然、运动健身的需求。因此，小型的分散式的绿色开放空间在大型城市的绿地规划和布置中有着显著的健康意义。

另外，根据苏州的调研，居民现在跳舞、打拳主要是在街边绿地或公园里进行的。由于这些绿地规模不大，且大部分为绿化面积，硬质铺装所占比例比较少，且大部分以道路或者道路沿线的空间局部放大出现，只适合个体的活动，对于集体性的体操、舞蹈或者幅度较大、要求地面比较平整的活动不太适合。因此，还需要在绿地中建设一些专门性质的广场来支持，并且发掘城市空间中被忽视的空间，将其转化成袖珍公园、社区公园、城市林荫道等替代性绿色开放空间。

3. 统筹开放空间来建立城市健身系统

除了步行、骑车之外，散步、慢跑、轮滑、使用休闲器械、在公园里游玩、登山等娱乐性锻炼都是日常体力活动的有益补充，比起有组织的体育活动及高强度运动对于促进健康来说更加有效。因此，城市健身系统的建设和完善，也是引导积极的市民行为的可行途径。城市健身系统包括：社区健身设施，如健身路径、活动场地、各种室外球场、综合健身器械、室内健身场馆等；城市公园中的康体设施；专门的体育场馆、体育休闲公园等。健身设施门类众多，选择时应具有针对性，并体现普及、适用、娱乐的特点，以便于发动和引导居民开展经常性的健身活动，同时还应注重健身环境本身的安全性、健康性。

另外，通过系统的对于硬质广场标识的规划设计，解决目前我国健身场地零散不规则、缺少正确健身指引的问题。该措施具有成本低但效果好的特点，如2012年完工的纽约卡玛斯社区校园，通过特别的地面活动区域的标示，有效地提高了儿童的户外空间活动频次，有益于提高儿童的体力活动水平。在活动场地上利用标识来强调活动空间的范围，并且区分运动区域、器械锻炼区域和多功能区域，研究表明功能区域划分可以用来提高体力活动水平并可以减少运动伤害[186]，在地面用色彩划分明确的场地，儿童参与高强度体力活动的比例更高。

4. 增强城市界面活力

城市界面是使用者日常接触最频繁的空间，提升城市界面活力有利于提升使用者体力活动水平，尤其是步行。根据Ewing研究，城市界面有五个关键特征可以影响步行活动，它们分别是：意向性（Imagability），围合（Enclose），人体尺度（Body），透明性（Transparency），复杂性（Complexity）。整合这五个界面特征可以有效地促进自发的步行活动产生[187]。

（1）通过优化建筑界面来刺激市民的日常锻炼

尽可能优化建筑1~2层的界面，使得界面连续，内容丰富多样，充满细节，以吸引市民步行。提供植物遮阴和适当小品、座椅等来增强人行道的活力，吸引使用者步行，适当情况可以拓宽人行道，利用铺装区分人行道与跑步道，使得其兼具通行和锻炼的功能。

通过建筑外立面给街道提供适宜人行的环境，包括设置多个入口、门廊和雨篷等。建筑主入口设计尺度较大的临界空间，结合悬挑雨篷、架空廊柱形成半封闭的边界空间，空间中布置多种类型的休憩和活动设施，并通过地面铺装来分割空间场所，构建多功能、多尺度的户外体力活动空间。巧妙地使坡道和楼梯成为提升城市界面的元素，通过建筑形体的设计提供与城市相接的小广场、屋顶花园、运动场地等公共空间，增强街道对于步行活动的吸引力，减少停车等问题的阻断。

（2）通过优化街道界面来促进市民的日常锻炼

运用城市家具、树木和其他基础设施将人行道与机动车道分开；为行人和锻炼者提供休息处、饮水处和洗手间等基础设施；设计吸引市民步行的街道景观，在街道旁增加咖啡馆的数量以增加街道空间的活跃度；策划以人行为先导的活动，如在某些时段停止机动车通行。例如，发起于纽约的"游玩街道"项目，它起始于2010年，通过限时道路封闭的措施将城市街道营造成为学生和社区其他成员的游玩空间，在低收入和少数族裔居住的、户外娱乐活动不足的社区开展"游玩街道"的项目，平均每月每处"游玩街道"会有超过600名居民参加。

7.5.2 建筑公共空间的活性化设计

建筑空间是一种高度人工化的建成环境，使用者在其中难以接触到自然要素如新鲜空气、植物等，加之使用者多是静态的使用方式，长久以来建筑空间一直被认为是不利于健康的，对其设计与健康的研究也主要集中于部分医疗建筑和居住建筑，研究内容多从室内空间空气质量、噪声质量等物理环境属性出发。

然而从健康的视角出发，建筑空间与城市开放空间一样都是与人健康密切相关的人居环境，根据健康圈层模型，它们都是影响人健康的环境要素一部分。合理的建筑设计有益于使用者健康。与绿色开放空间不同的是，建筑公共空间缺少自然元素，并且面积很有限；与绿色开放空间类似的是，建筑空间中也有种类繁多的开放空间形式，可以成为支持体力活动而改善健康水平的载体。

大部分人一生有2/3的时间在室内度过，并且对于建筑的使用频率远高于室外开放空间的使用频率[188]。在工作场所久坐以及在住宅内长时间看电视的不健康生活方式直接导致了肥胖及相关慢性疾病的发生，因此通过体力活动来创造积极的建筑空间对于人的健康来说有着重要的意义。从体力活动角度来看，发掘建筑空间的健康潜力有以下几个措施。

1. 增加楼梯间的使用

楼梯既是建筑内部重要的竖向交通载体，同时也是提升长期工作和生活在室内的人群体力活动水平的一个重要途径。虽然电梯和扶梯的普及已经使得大部分楼梯变成仅为防火应急使用，但是西方逐渐出现了以健康为目的的楼梯再利用的设计趋势。其主要的措施如下。

（1）利用导视系统增加楼梯的辨识率

在扶梯和电梯附近放置促进使用台阶的标识系统，当阶梯在电梯的等待区域可见时，直接指向阶梯来指引阶梯的使用；而当阶梯并不直接可见时，通过标识系统的设计使电梯等待区域与阶梯区域相连。多项研究表明，单纯放置标识标志即可提高50%的阶梯使用概率，使得阶梯使用更多取代客梯或扶梯的使用[189、190]。

此外，在楼梯中设计张贴励志标牌，标明爬完每层楼梯后累计消耗的卡路里数以鼓励市民运动。将电梯和扶梯设置在主入口不能直视到的位置，不要在设计及照明方面突出电梯和扶梯。调整电梯的程序，限制电梯在某些时段的开停，尽量设置为隔层开停。Gensler在加州的总部于2008年通过使用标语鼓励阶梯使用，超过30000个阶梯使用标识张贴在许多建筑内部，调查表明，这类建筑中的阶梯使用比未张贴标识的建筑的阶梯使用率中位数高50%左右。

（2）通过设计增加楼梯的美观和舒适度

设计可见、有吸引力而舒适的楼梯，增加楼梯设计的显著性，空间中可以考虑增加开放式楼梯，通过形式的组合以及材料的应用突出其视觉吸引力，并与大厅、门厅和过厅这些交通转换空间有着统一的联系，而不只是把楼梯当作防火疏散的通道；在设计楼梯的朝向时，尽量保证楼梯的可见和便捷。在楼梯的设计中，要注意楼梯间和梯段的美观和吸引力，例如，运用有创造力且有趣的内装修、选择令人舒适的色彩、在楼梯井中播放音乐、在楼梯间中加入艺术雕塑的元素。同时，尽可能为行走在楼梯中的市民提供欣赏自然风景的机会，并通过自然通风和柔和的照明增加其吸引力。

2. 优化建筑功能布局

在满足建筑功能需要的前提下，可以利用功能布局流程来引导使用者步行，提升步行的吸引力，同时适当增加步行距离。

（1）利用功能组织来适当增加步行距离

在办公场所，通过建筑功能的布局来鼓励使用者从工作空间步行到共享空间，如邮件室、打印室和午餐室等。将大堂设置在二层，通过楼梯和坡道到达，或将某些相同相关的功能分别设置在两层，以增加步行距离。

（2）利用设施设计增加步行的吸引力

在建筑物内提供专门的行走锻炼路线，在路线上安排自然采光、饮水处和卫生间。设计一套标识系统标出整个行走路线的示意图、每段行走的里程和消耗的卡路里数。通过合理的室内空间设计鼓励更加频繁的工作间歇的室内步行活动，通过设计使建筑内部步行环境更具吸引力，包括：建筑内部的健身活动空间及相应配套设施设计，促进健身的室内外健身活动空间连接设计。

（3）利用凹凸建筑形体制造小型活动空间

利用建筑形体的凹凸构建多层次场地外部空间，在成组和沿街建筑布局中，应尽量避免单一行列式布局，通过建筑体量错动以及在建筑转角和入口处布置多种小型活动或者交往场地，进而打造凹凸型建筑外部形体，这样也有利于丰富建筑内部的空间。同时，这种做法有利于在建筑外部布局多层次的场地空间，进而形成主入口活动场地、后院观景空间、转角处交往空间等，既丰富了室内空间组织，也增强了场地空间层次，提高室外活动场地对于使用者的吸引力。

3. 建筑增加体力活动空间

在建筑内部结合公共与附属空间布置专有的健康和锻炼空间，根据体力活动金字塔，有针对性的体力活动具有提高使用者心肺功能和肌体力量的健康益处，并且更加容易带来较高强度的体力活动水平，有效地降低由于静态方式带来的肥胖和相关疾病风险。其具体措施如下。

（1）在建筑内部专设健身运动空间

在商业写字楼和住宅中设置专门的日常锻炼活动空间和相关设施，如位于建筑内部或沿街立面的可见的健身活动的空间，并配套设计淋浴、更衣室、室内自行车租借处等。在专有活动空间设计中，尽量为参加室内日常锻炼的市民提供可供欣赏的自然景观。在专有活动空间中设计标识系统，介绍可提供的服务并给出锻炼设施的使用说明，同时设置展板鼓励市民自发组织日常锻炼小组。

（2）结合建筑的附属空间提供开放的活动空间

设计应发掘和利用建筑公共与附属空间。尽可能设计内院、花园、阳台、可上人屋顶等空间，给使用者提供日常锻炼和娱乐；在活动场地设置中设计清晰的标识系统，标明专业活动场地和多功能活动场地；在室外活动场地中保留或创造与自然接触的可能，同时设置室外照明，考虑昼夜、不同天气和季节的灵活使用。杭州的云栖小镇会展中心二期，利用展厅大体量的屋顶打造了一个"云上体育公园"，它包括了2个五人制球场，2片轮滑区，露天剧场和社区农场，还有760m的环形跑道，最令人惊讶和印象深刻的是其中悬浮在空中的50m跑步道。此外，设计师还利用展厅闲置期间的空间，布置了三片篮球场、十四片羽毛球场、十几张乒乓球桌，整个会展中心俨然成了一个体育仓库。台湾桃园大有消防车站也利用其有限的屋顶打造了一个不同标高的屋顶公园，该屋顶公园利用坡道和建筑体量的高差，不仅为当地居民提供了一个开放的可以锻炼的场所，也巧妙地将消防员平时的训练设施结合在一起。

本章小结

本章依据实证和案例分析，提出了绿色开放空间提升健康效用的设计策略。具体包括两大部分：基于基本设计要素和复合设计要素的健康提升策略，并提出了包括三个层次的设计策略集，讨论了体力活动导向的设计价值取向以及对城市和建筑空间的启示。

提出了通过基本设计要素来增强绿色开放空间健康效用的设计原则。首先，优化点性基本设计要素布局，合理布局促进心肺功能和肌体力量的设施场地，根据使用者生命周期布置设施场地以及布置生物展示的场地设施。其次，改善线性基本设计要素的结构和品质，优化步道结构，建立清晰的有环路的步道系统，另一方面，提高步道形式多样性和趣味性，结合自然元素提升步道的舒适性和私密性，以提升步道的环境品质。最后，统筹面性基本设计要素配比，包括城市绿地的活性设计以及优化可活动区域与自然景观的连接。

提出了中心性、多样性和开放性三个原则。首先是增强复合设计要素的中心性，它包括增强可达性和功用性复合设计要素的中心性。其次是增加复合设计要素的多样性，包括加强业态的多样性、增强场地的多样性、针对人群的多样性设计。最后是增加复合设计要素的开放性，它包括增强人与自然互动的开放性设计和增强健康资源时空共享的开放性设计。

根据以上设计策略提炼出了三级指标组成的设计策略集，首先绿色开放空间应成为一个促进体力活动水平提升的场所，应该实现活动优先，注重运动场地和设施布置的多元化，注重健康网络的塑造，注重步道结构的体系化。其次将绿色开放空间作为一个增强自然接触的城市空间，方便使用者到达以及人与自然互动。最后提出了对于城市和建筑公共空间的设计启示，从城市层面来看，需要提升城市空间的可活动性；从建筑层面来看，需要挖掘可活动的建筑空间。

第 8 章

结语

伴随着城镇化带来的健康问题成为许多学科关注的焦点，作为旨在"为人们设计高质量城市空间环境"的建筑和城市学科，同样应该重视健康问题。其中，绿色开放空间以其独有的自然性和开放性在改变市民生活方式、提升居民健康水平方面有着明显的优势。同时，从公共卫生角度来看，它也是一种成本低廉却又可以得到持续和稳定公共健康效果的方法。

在有限的城市环境中，如何挖掘和优化绿色开放空间布局和设计，缓解城镇化和机动化对人健康的负面影响，是建筑与城市学科的研究前沿，也是我国城市建设由量向质转变的重要课题。

8.1 绿色开放空间影响健康的途径

绿色开放空间主要通过被动接触和主动参与两种途径影响人的身心健康，两个途径虽然产生健康影响的层级不同，但相互之间并非完全分离的关系，两者相互耦合的机制是绿色开放空间产生健康效用的主要动力。其中，主动参与途径是在被动接触途径上进一步反映人与空间互动产生的健康结果，这是本研究的基础。

（1）被动接触途径。人通过物理或者视觉接触绿色开放空间可以产生情绪改善、压力缓解和认知能力提高等健康效用。该途径以自然要素为基础，通过两种方式来产生健康效用。第一种方式是植被绿化的生态康复作用，即通过其净化空气、降低噪声、改善城市热岛效应等生态功能降低人工环境带来的消极健康影响。第二种方式是自然景观的恢复性环境作用。视觉接触自然景观可以唤醒使用者的"亲自然性"，并且进一步刺激交感神经和内分泌系统，带来相应的健康益处。该途径体现了绿色开放空间的自然属性，反映了人体与自然的内在统一性，是其产生健康影响的基础途径。

（2）主动参与途径。通过参与到绿色开放空间中来产生健康效益。该途径以场所要素为基础，通过两种方式来产生健康效用。第一种方式是体力活动的支持。绿色开放空间作为体力活动的目的地、路径和场所，可以影响其频率、类型和时间，从而影响人的身体机能。第二种方式是社会交往的支持。绿色开放空间作为人的户外社会交往场所，会影响其社会适应能力和社会资本，长期会影响其健康和生活质量。该途径体现了绿色开放空间的开放属性，反映了其环境—行为—健康的主动关系，是其产生健康影响的高级途径，是设计师能动地发挥绿色开放空间的健康作用、主动提升使用者健康的高级方法。

8.2 体力活动视角下绿色开放空间影响健康的设计要素

从体力活动角度绿色开放空间影响健康的设计要素可以分成两个层次，分别体现了设计通过体力活动直接和间接的健康影响。

（1）基本设计要素包括点性、线性和面性基本设计要素，这三种设计要素包括了九个因子，分别为设施种类、运动设施数量、公共服务设施数量、入口数量、步道密度、步道类型、步道材质、景观区域比例、可活动区域比例。但是每个因子与体力活动关联性差异较大。点性设计要素中的运动健身设施数量与中低水平体力活动者人数有着正向关联性，运动健身设施数量与使用者中高水平体力活动者人数有着正向关联性，点性设计要素的空间分布与使用者活动类型也有着一定关联性。线性基本设计要素中的步道密度与中水平体力活动者人数有着正向关联性，步道结构对于步行活动有着显著影响。面性基本设计要素中可活动区域比例与中水平体力活动者人数有着一定相关性，景观区域比例与低水平体力活动者人数有着一定相关性。

（2）复合设计要素包括可达性、连通性、功用性、安全性、美观性、步行性复合设计要素，这些要素与使用者健康水平有着不同程度的关联性，其中最显著的是可达性与功用性复合设计要素。要素中与BMI有着负向关联的要素从大到小依次为：可达性、功用性、步行性、连通性、安全性复合设计要素，与生理健康质量PCS有着正向关联的要素从大到小依次为：可达性、步行性、功用性、连通性复合设计要素，与心理健康质量MCS有正向关联的要素是美观性复合设计要素。

8.3 体力活动视角下绿色开放空间设计影响健康的机制

（1）体力活动与使用者健康的关系。随着体力活动水平的提高，使用者可能获得更多的生理健康益处，但是没有在心理健康方面发现这种关系的存在。根据实证研究发现，绿色开放空间通过影响使用者体力活动所产生的健康效果主要体现在控制肥胖和生理健康方面，设计可以通过鼓励使用者体力活动来获得以上的健康效果，并且随着体力活动水平的提高，以上健康效果愈加显著。

（2）绿色开放空间设计与使用者体力活动关系。绿色开放空间设计可以通过基本设计要素来提升使用者体力活动水平，从而提升其相关的健康效用，不同基本设计要素对于不同体力活动水平影响有着差异性。从点性基本设计要素来看，使用者分布与设施场所布置有关。低水平体力活动者主要集中在入口节点和休憩娱乐设施附近，中水平体力活动者主要集中在步道与广场节点交会处和滨水步道，高水平体力活动者喜欢在锻炼设施附近和围合性较好的广场。通过结合滨水空间来组织环状步道和锻炼设施场地有利于促进中高强度康体活动，同时通过入口视线的引导和步道的连接，也可以一定程度激发中强度康体活动。从线性基本设计要素来看，步道密度与中水平体力活动人数有一定正向关联性，环状有岔路的步道结构吸引的步行者最多，增加步道密度以及优化步道结构有利于促进步行活动。从面性基本设计要素来看，可活动区域比例与中水平体力活动人数有着正向的关联性，景观区域比例与低水平体力活动人数有着正向关联性，没有发现高水平体力活动人数与面要素的关系，因此简单增加活动场地或者自然绿化区域都无法有效地增加体力活动所带来的健康益处。

（3）绿色开放空间设计与使用者健康的关系。绿色开放空间对于使用者健康影响既与其复合设计要素有关，也与复合设计要素相互关系有关，设计对于健康的影响是一个整体并且交互的过程。根据绿色开放空间网络模型分析结果，提出了绿色开放空间的BMI设计指数和PCS设计指数的概念。随着BMI设计指数的提高，使用者的肥胖概率呈现一定下降趋势；随着PCS设计指数增加，使用者生理健康状况呈现一定程度的提高。其中，BMI设计指数代表着复合设计要素之间的相互关联度，PCS设计指数在BMI设计指数的基础上加入了中心因子与其他要素之间的相互关联度。

BMI设计指数与PCS设计指数可以用来预测新建项目和评估已有项目可能的健康影响。根据这两个指数，将苏州进行实证研究的场所进行分类，其中桂花公园、糖坊桥绿地和红枫林公园划为BMI优秀型绿色开放空间，干将桥绿地和水巷邻里绿地为BMI一般型绿色开放空间，其余为BMI良好型绿色开放空间。湖滨公园和桂花公园列为生理健康优秀型绿色开放空间，糖坊桥绿地和惠济桥绿地为生理健康一般型绿色开放空间，其余为生理健康良好型开放空间。基于分类可以发现，城市公园类型绿色开放空间的PCS设计指数和BMI设计指数要好于街区绿地类型，从两个指数的分布也可以看出，所研究的案例在通过体力活动促进健康这一方面空间特征差异很大，呈现较大不均衡性。

8.4 提升绿色开放空间健康效用的设计策略

（1）基本设计要素导向的设计策略。根据实证研究，随着体力活动水平提高，使用者获得的控制肥胖相关生理健康效用也会提高，中高体力活动水平可以产生显著的健康效用。基于此提出了增强绿色开放空间基本设计要素健康效用的设计策略。

首先是优化点性基本设计要素布局，合理布局促进心肺功能和肌体力量的设施场地，依据使用者集体类和个体类心肺功能活动提供相应的场地和设施，其中集体类活动主要为广场、球类活动场地，个体类活动则主要包括运动健身设施等。根据使用者生命周期布置设施场地，考虑到绿色开放空间使用的主体，需要针对老年人群需求进行中低强度和非对抗性的活动设施配置，针对儿童的兴趣和安全性进行活动设施配置。此外，也可以考虑设置供游人观赏的野生动物栖息设施，如鸟屋、喂鸟器等。

其次是改善线性基本设计要素的结构和品质，通过建立清晰的有环路的步道系统，加强步道骨架与出入口的关系，连接明确的目的地来优化步道结构。此外，也需要提升步道空间品质，优化步行体验，包括采用折线和曲线形式来提升步道的多样性和趣味性，结合自然景观要素来提升步道的舒适性和私密性。

最后是统筹面性基本设计要素配比，通过已有街区绿地和城市飞地的活性化设计来提高绿色开放空间对于体力活动的支持性；利用自然要素的围合来优化可活动区域的公私关系以及利用其分隔来优化可活动区域的动静关系，增强可活动区域与自然景观的连接和过渡。

（2）复合设计要素导向的设计策略。首先，增强可达性复合设计要素的中心性。增强使用者与绿色开放空间的物理接触，降低使用者到达难度，增加使用者路过的机会；同时通过建立视觉中心，连接视觉焦点和提高绿视率来增加使用者与绿色开放空间的视觉接触。另一方面，需要增加功用性复合设计要素的中心性，包括增强场地对于步行活动的支持，增加空间对于健身运动类活动的支持，改善场地小气候，增强活动舒适性。

其次，增强复合设计要素的多样性。通过绿色开放空间体育化、小型公园健身化来增强绿色开放空间业态的多样性；通过增加多功能活动场地，对于已有活动场地的活力升级来增加场地功能的多样性以及使用者的多样性。

再次，增强复合设计要素的开放性，需要增强人与自然互动的开放性设计，通过建立社区种植区来鼓励人与绿色开放空间的互动，建立租赁公园来经营人与绿色的联系；另一方面，通过场地共享和时间分流来实现健康资源共享的开放性设计。

最后，梳理了体力活动导向的健康设计策略的价值取向，总结了对于城市与建筑设计的启示，提出了"活性化设计"的概念，在城市层面需要统筹不同类型开放空间来建立城市健身系统，因地制宜整合城市不同层级绿地空间，在居住和工作空间邻近布置能够促进健身与锻炼的室外开放空间。在建筑设计层面需要挖掘可活动的建筑空间，通过设计增加楼梯间的使用，通过优化建筑功能布局来促进日常体力活动，在建筑内部增加专属的体力活动空间。

8.5 展望

1. 需要继续深化绿色开放空间类型与健康关系的研究

本书仅在地域、规模、功能上对绿色开放空间进行了初步界定，未来的研究可根据环境组成和设计要素的组合进一步细分其类型，分析绿道、城市公园、社区公园、屋顶花园等不同类型绿色开放空间对于人健康的影响。

在健康方面，本书采用了身体质量指数BMI以及健康调查量表SF-12。未来的研究可以将健康方面进一步细化，从而建立绿色开放空间类型与健康效用类型的具体对应关系，研究绿色开放空间中特定环境因素对于健康的重要性和影响程度。

2. 考虑气候差异性对于绿色开放空间使用的影响

由于我国地域差异较大，可结合不同地域和城市，针对不同规模和性质的绿色开放空间进行研究，为提高具体区域的人群健康水平提供更有针对性的指引。它需要考虑不同气候对于绿色开放空间健康效用的影响，如寒带地区的哈尔滨和亚热带季风区域的上海，平原区域城市的北京和高原城市的昆明，人的体力活动需求和规律都有所不同，必然对于设计的要求不同。

3. 增加更多的纵向实证研究，在相关性基础上建立因果联系

本书研究属于横截面研究，仅获得绿色开放空间设计与健康之间的相关性关系，无法说明两者的因果关系，这样有时候会导致"自我选择机制"对于结果的干扰。因此，有必要进行更多的纵向实证研究，对于使用者在绿色开放空间改变后的健康水平特征变化进行分析，同时比较环境配置和设计要素的改变，从而在

相关性的基础上进行因果关系的分析，为相关设计实践提供更加可靠的依据。

4. 采用更加客观的方法来测量健康和体力活动数据

本书研究虽然采用了体力活动和综合健康量表的方式定量分析使用者健康和体力活动数据，但是数据来源依然根据使用者的主观回答，这会导致一些数据不稳定的情况。未来的研究可以采用客观测量的方法来保证数据的准确性和持续性。其中，体力活动可以考虑结合手机App和GPS追踪的方式来测量，健康水平可以通过生物应激水平来测量，如心电值、脑电值、皮电值和皮质醇素等，以获得更为长久和精确的数据。

参考文献

［1］中国国家统计局. 国家数据［EB/OL］.［2023-04-20］. https://data.stats.gov.cn/easyquery.htm.

［2］李敏，叶昌东. 高密度城市的门槛标准及全球分布特征［J］. 世界地理研究，2015（1）：38-45.

［3］Chen Y, Ebenstein A, Greenstone M, et al. Evidence on the impact of sustained exposure to air pollution on life expectancy from China's Huai River policy［J］. Proceedings of the national Academy of Sciences, 2013, 110（32）：12936-12941.

［4］YANG J, FRENCH S. The travel—obesity connection：discerning the impacts of commuting trips with the perspective of individual energy expenditure and time use［J］. Environment and planning B：planning and design, 2013, 40（4）：617-629.

［5］MUNTNER P, GU D, WILDMAN R P, et al. Prevalence of physical activity among Chinese adults：results from the international collaborative study of cardiovascular disease in Asia［J］. American journal of public health, 2005, 95（9）：1631-1636.

［6］TUDOR-LOCKE C, AINSWORTH B E, ADAIR L S, et al. Physical activity and inactivity in Chinese school-aged youth：the China health and nutrition survey［J］. International journal of obesity, 2003, 27（9）：1093-1099.

［7］赖建强，施小明，王丽敏，等. 慢性病预防与控制研究［M］//：2009-2010 公共卫生与预防医学学科发展报告. 北京：中国科学技术出版社，2010.

［8］王俊成，张瑞岭，周芹. 中国精神卫生服务现状与建议［J］. 中国卫生事业管理，2009（5）：348-350.

［9］鲁斐栋，谭少华. 建成环境对体力活动的影响研究：进展与思考［J］. 国际城市规划，2015，30（2）：62-70.

［10］王兰，廖舒文，赵晓菁. 健康城市规划路径与要素辨析［J］. 国际城市规划，2016（4）：002.

［11］丹尼尔，张振威. 风景园林的未来［J］. 风景园林，2015（4）：74-76.

［12］RODIEK S. Influence of an outdoor garden on mood and stress in older persons［J］. Journal of therapeutic horticulture, 2002, 13（1）：13-21.

［13］HARTIG T, KORPELA K, EVANS G W, et al. A measure of perceived environmental restorativeness［J］. Scandinavian housing and planning research, 1997（14）：175-194.

［14］YOKOHARI M, AMATI M. Nature in the city, city in the nature：case studies of the restoration of urban nature in Tokyo, Japan and Toronto, Canada［J］. Landscape and ecological engineering, 2005, 1（1）：53-59.

［15］OTTOSSON J, GRAHN P. A comparison of leisure time spent in a garden with leisure time spent indoors：on measures of restoration in residents in geriatric care［J］. Landscape research, 2005, 30（1）：23-55.

［16］KUO F E, SULLIVAN W C. Aggression and violence in the inner city：effects of environment via mental fatigue [J]. Environment and behavior, 2001, 33（4）: 543-571.

[17] LAFORTEZZA R, CARRUS G, SANESI G, et al. Benefits and well-being perceived by people visiting green spaces in periods of heat stress [J]. Urban forestry & urban greening, 2009, 8（2）: 97-108.

[18] BINA A, ALESSANDRO V. Psychology, rationality and economic behaviour: challenging standard assumptions [M]. Springer, 2005.

[19] HARTIG T, MANG M, EVANS G W. Restorative effects of natural environment experiences [J]. Environment and behavior, 1991, 23（1）: 3-26.

[20] 肖玉, 王硕, 李娜, 等. 北京城市绿地对大气 PM2.5 的削减作用 [J]. 资源科学, 2015, 37（6）: 1149-1155.

[21] 王国玉, 白伟岚, 李新宇, 等. 北京地区消减 PM_（2.5）等颗粒物污染的绿地设计技术探析 [J]. 中国园林, 2014（7）: 70-76.

[22] 刘姝宇, 徐雷. 德国居住区规划针对城市气候问题的应对策略 [J]. 建筑学报, 2010（8）: 20-23.

[23] 吴志萍, 王成. 城市绿地与人体健康 [J]. 世界林业研究, 2007（2）: 32-37.

[24] 胡译文, 秦永胜, 李荣桓, 等. 北京市三种典型城市绿地类型的保健功能分析 [J]. 生态环境学报, 2011, 20（12）: 1872-1878.

[25] ULRICH R S. View through a window may influence recovery from surgery [J]. Science, 1984, 224（4647）: 420-421.

[26] ULRICH R S, SIMONS R F, LOSITO B D, et al. Stress recovery during exposure to natural and urban environments [J]. Journal of environmental psychology, 1991, 11（3）: 201-230.

[27] KAPLAN R, KAPLAN S. The experience of nature: a psychological perspective [M]. Cambridge university press, 1989.

[28] TVEIT M S. Indicators of visual scale as predictors of landscape preference; a comparison between groups [J]. Journal of environmental management, 2009, 90（9）: 2882-2888.

[29] PAZHOUHANFAR M, KAMAL M. Effect of predictors of visual preference as characteristics of urban natural landscapes in increasing perceived restorative potential [J]. Urban forestry & urban greening, 2014, 13（1）: 145-151.

[30] GRAHN P, STIGSDOTTER U K. The relation between perceived sensory dimensions of urban green space and stress restoration [J]. Landscape and urban planning, 2010, 94（3-4）: 264-275.

[31] HOBBS R J, NORTON D A. Towards a conceptual framework for restoration ecology [J]. Restoration ecology, 1996, 4（2）: 93-110.

[32] AKPINAR A. Factors influencing the use of urban greenways: A case study of Aydln, Turkey [J]. Urban forestry & urban greening, 2016, 16: 123-131.

[33] ZHANG X, LU H, HOLT J B. Modeling spatial accessibility to parks: a national study

[J]. International journal of health geographics，2011，10（1）：1-14.

[34] ESTABROOKS P A，LEE R E，GYURCSIK N C. Resources for physical activity participation：does availability and accessibility differ by neighborhood socioeconomic status?［ J ］. Annals of behavioral medicine，2003，25（2）：100-104.

[35] McCormack G R，Rock M，Toohey A M，et al. Characteristics of urban parks associated with park use and physical activity：A review of qualitative research［ J ］. Health & place，2010，16（4）：712-726.

[36] COHEN D，SEHGAL A，WILLIAMSON S，et al. Park use and physical activity in a sample of public parks in the city of Los Angeles［ M ］. Santa Monica，CA：RAND Corporation，2006.

[37] LACHOWYC Z K，JONES A P. Greenspace and obesity：a systematic review of the evidence［ J ］. Obesity reviews，2011，12（5）：e183-e189.

[38] KAPLAN S. The restorative benefits of nature：toward an integrative framework ［ J ］. Journal of environmental psychology，1995，15（3）：169-182.

[39] Rozek J，Gilbert N，Shilton T，et al. Healthy active by design［ J ］. Planning news，2018，44（4）：9.

[40] 中国市城市规划设计研究院. 城市规划资料集——城市设计（上）［ M ］. 北京：中国建筑工业出版社，2005：14.

[41] 陈柳钦. 健康城市建设及其发展趋势［ J ］. 中国市场，2010（33）：50-63.

[42] Physical Activity Guidelines Advisory Committee. Physical activity guidelines for Americans［ M ］. Washington，DC：US Department of Health and Human Services，2008：15-34.

[43] 陈紫健. 肥胖与正常体重中学生心理健康状况的比较研究［ D ］. 济南：山东大学，2008.

[44] SALLIS J F，CERVERO R B，ASCHER W，et al. Ecological approach to creating active living communities［ J ］. Annual review of public health，2006，27（27）：297-322.

[45] Painter J E，Borba C P C，Hynes M，et al. The use of theory in health behavior research from 2000 to 2005：a systematic review［ J ］. Annals of behavioral medicine，2008，35（3）：358-362.

[46] Barton H. A health map for urban planners：towards a conceptual model for healthy，sustainable settlements［ J ］. Built environment，2005，31（4）：339-355.

[47] CASPERSEN C J，POWELL K E，CHRISTENSON G M. Physical activity，exercise，and physical fitness：definitions and distinctions for health-related research ［ J ］. Public health reports，1985，100（2）：126.

[48] STETTLER N，SIGNER T M，SUTER P M. Electronic games and environmental factors associated with childhood obesity in Switzerland［ J ］. Obesity research，2004，12（6）：896-903.

[49] HASKELL W L，LEE I M，PATE R R，et al. Physical activity and public health updated recommendation for adults from the American College of Sports Medicine and the American Heart Association［ J ］. Circulation，2007，116（9）：1081.

[50] BARTON J, PRETTY J. What is the best dose of nature and green exercise for improving mental health? A multi-study analysis [J]. Environmental science & technology, 2010, 44 (10): 3947-3955.

[51] BOWLER D E, BUYUNG-ALI L M, KNIGHT T M, et al. A systematic review of evidence for the added benefits to health of exposure to natural environments [J]. BMC public health, 2010, 10 (1): 1-10.

[52] PRETTY J, PEACOCK J, SELLENS M, et al. The mental and physical health outcomes of green exercise [J]. International journal of environmental health research, 2005, 15 (5): 319-337.

[53] BODIN M, HARTIG T. Does the outdoor environment matter for psychological restoration gained through running? [J]. Psychology of sport and exercise, 2003, 4 (2): 141-153.

[54] WELLS N M, EVANS G W. Nearby nature: a buffer of life stress among rural children [J]. Environment and behavior, 2003, 35 (3): 311-330.

[55] LIBRETT J J, YORE M M, SCHMID T L. Characteristics of physical activity levels among trail users in a US national sample [J]. American journal of preventive medicine, 2006, 31 (5): 399-405.

[56] VUILLEMIN A, BOINI S, BERTRAIS S, et al. Leisure time physical activity and health-related quality of life [J]. Preventive medicine, 2005, 41 (2): 562-569.

[57] 刘颂,詹明珠,温全平. 面向亚健康群体的城市绿色开敞空间规划设计初步研究 [J]. 风景园林,2010(4): 90-93.

[58] PRETTY J, PEACOCK J, HINE R, et al. Green exercise in the UK countryside: effects on health and psychological well-being, and implications for policy and planning [J]. Journal of environmental planning and management, 2007, 50 (2): 211-231.

[59] World Health Organization. Promoting mental health: concepts, emerging evidence, practice: summary report [M]. World Health Organization, 2004.

[60] STIGSDOTTER U K, EKHOLM O, SCHIPPERIJN J, et al. Health promoting outdoor environments-associations between green space, and health, health-related quality of life and stress based on a Danish national representative survey [J]. Scandinavian journal of public health, 2010, 38 (4): 411-417.

[61] CACKOWSKI J M, NASAR J L. The restorative effects of roadside vegetation: implications for automobile driver anger and frustration [J]. Environment and behavior, 2003, 35 (6): 736-751.

[62] VAN DEN BERG A E, MAAS J, VERHEIJ R A, et al. Green space as a buffer between stressful life events and health [J]. Social science & medicine, 2010, 70 (8): 1203-1210.

[63] COHEN-CLINE H, TURKHEIMER E, DUNCAN G E. Access to green space, physical activity and mental health: a twin study [J]. J Epidemiol Community

Health, 2015, 69（6）: 523-529.

[64] GROENEWEGEN P P, VAN DEN BERG A E, DE VRIES S, et al. Vitamin G:
effects of green space on health, well-being, and social safety [J]. BMC public
health, 2006, 6（1）: 1-9.

[65] TAYLOR A F, KUO F E, SULLIVAN W C. Coping with ADD: the surprising
connection to green play settings [J]. Environment and behavior, 2001, 33（1）:
54-77.

[66] ALCAMO J. Ecosystems and human well-being: a framework for assessment [M].
Island Press, 2003.

[67] MAAS J, VAN DILLEN S M E, VERHEIJ R A, et al. Social contacts as a possible
mechanism behind the relation between green space and health [J]. Health &
place, 2009, 15（2）: 586-595.

[68] DE VRIES S, VAN DILLEN S M, GROENEWEGEN P P, et al. Streetscape
greenery and health: stress, social cohesion and physical activity as mediators [J].
Social science & medicine, 2013, 94: 26-33.

[69] HOBHOUSE P. The gardens of Persia [M]. Kales Press, 2004.

[70] GESLER W M. Therapeutic landscapes: theory and a case study of Epidauros,
Greece [J]. Environment and planning D: society and space, 1993, 11（2）:
171-189.

[71] CROUCH D P. Water management in ancient Greek cities [M]. Oxford University
Press, 1993.

[72] CICERO M T. Letters of Marcus Tullius Cicero: with his treatises on friendship and
old age [M]. PF Collier & son, 1909.

[73] BOWIE M N R. Martial book XII: a commentary [D]. University of Oxford, 1988.

[74] PORTER D. Health, civilization, and the state: a history of public health from ancient
to modern times [M]. Psychology Press, 1999.

[75] CALKINS R G. Piero de'Crescenzi and the medieval garden [Z]. Dumbarton oaks
research library and collection, 1986.

[76] 雷艳华, 金荷仙, 王剑艳. 康复花园研究现状及展望 [J].中国园林, 2011（4）: 31-36.

[77] CODE W. The New urban landscape: the redefinition of city form in nineteenth-
century America by David Schuyler [J]. Canadian review of American studies,
1987, 18（1）: 165-166.

[78] WORPOLE K. 'The health of the people is the highest law': public health, public
policy and green space [M] Open space: people space. Taylor & Francis, 2007:
31-42.

[79] THOMPSON C W. Historic American parks and contemporary needs [J].
Landscape journal, 1998, 17（1）: 1-25.

[80] THOMPSON C W. Urban open space in the 21st century [J]. Landscape and urban
planning, 2002, 60（2）: 59-72.

[81] KAPLAN R, KAPLAN S. The experience of nature: a psychological perspective [M]. Cambridge university press, 1989.

[82] KAPLAN S. The restorative benefits of nature: Toward an integrative framework [J]. Journal of environmental psychology, 1995, 15 (3): 169-182.

[83] ORIANS G H, HEERWAGEN J H. Evolved responses to landscapes [J]. 1992.

[84] Ulrich R S. Health benefits of gardens in hospitals [M] //Paper for conference, plants for People International Exhibition Floriade, 2002, 17 (5): 2010.

[85] BIRD W. Investigating the links between the natural environment, biodiversity and mental health [J]. Natural Thinking, 2007 (4): 133-149.

[86] MITCHELL R, POPHAM F. Greenspace, urbanity and health: relationships in England [J]. Journal of Epidemiology & Community Health, 2007, 61 (8): 681-683.

[87] MAAS J, VERHEIJ R A, DE VRIES S, et al. Morbidity is related to a green living environment [J]. Journal of epidemiology & community health, 2009, 63 (12): 967-973.

[88] HOLICK M F. Sunlight and vitamin D for bone health and prevention of autoimmune diseases, cancers, and cardiovascular disease [J]. The American journal of clinical nutrition, 2004, 80 (6): 1678S-1688S.

[89] 金学智, 陈本源. 园林养生功能简论——艺术养生学系列论文之三 [J]. 文艺研究, 1997 (4): 116-128.

[90] 金学智. 中国园林美学 [M]. 北京: 中国建筑工业出版社, 2005.

[91] 许慧, 彭重华. 养生文化在中国古典园林中的应用 [J]. 广东园林, 2009, 31 (1): 28-31.

[92] 范繁荣, 王邦富, 李永武, 等. 药用植物在园林景观绿化中的应用 [J]. 现代农业科技, 2013 (9): 211-212.

[93] 张一奇, 许卫良. 中国古典园林的养生方法与思想 [J]. 福建林业科技, 2010, 37 (3): 150-153.

[94] JO H, RODIEK S, FUJII E, et al. Physiological and psychological response to floral scent [J]. HortScience, 2013, 48 (1): 82-88.

[95] 麦克哈格. 设计结合自然 [M]. 经纬芮, 译. 北京: 中国建筑工业出版社, 1992.

[96] KHAN K, KUNZ R, KLEIJNEN J, et al. Systematic reviews to support evidence-based medicine [M]. CRC press, 2011.

[97] MCCORMACK G R, ROCK M, SWANSON K, et al. Physical activity patterns in urban neighbourhood parks: insights from a multiple case study [J]. BMC Public Health, 2014, 14 (1): 1-13.

[98] HARTIG T. Three steps to understanding restorative environments as health resources [M]. Open space: people space. Taylor & Francis, 2007: 183-200.

[99] KELLERT S R, WILSON E O. The biophilia hypothesis [M]. Island press, 1995.

[100] ULRICH R S. Aesthetic and affective response to natural environment [M] // Behavior and the natural environment. Boston, MA: Springer US, 1983: 85-125.

[101] ULRICH R S, SIMONS R F, LOSITO B D, et al. Stress recovery during exposure to natural and urban environments [J]. Journal of environmental psychology, 1991, 11 (3): 201-230.

[102] ULRICH R S. Human responses to vegetation and landscapes [J]. Landscape and urban planning,1986, 13: 29-44.

[103] KAPLAN R, KAPLAN S. The experience of nature: a psychological perspective [M]. Cambridge university press, 1989.

[104] HARTIG T. Validation of a measure of perceived environmental restorativeness [J]. Goteborg psychological reports, 1996, 26 (7).

[105] HARTIG T, KAISER F G, BOWLER P A. Further development of a measure of perceived environmental restorativeness [M]. Institutet för bostads-och urbanforskning, 1997.

[106] LAUMANN K, GARLING T, STORMARK K M. Restorative experience and selfregulation in forest environment [J]. Journal of environment psychology, 2001 (21): 31-44.

[107] PALS R, STEG L, SIERO F W, et al. Erratum to "Development of the PRCQ: a measure of perceived restorative characteristics of zoo attractions" (Journal of environmental psychology, 2009, 29: 441-449) [J]. Journal of environmental psychology, 2010, 30 (4): 594.

[108] FOWLER D. Pollutant deposition and uptake by vegetation [J]. Air pollution and plant life, 2002, 2: 43-67.

[109] O'CONNOR G T, NEAS L, VAUGHN B, et al. Acute respiratory health effects of air pollution on children with asthma in US inner cities [J]. Journal of allergy and clinical immunology, 2008, 121 (5): 1133-1139.

[110] MADRIGANO J, ITO K, JOHNSON S, et al. A case-only study of vulnerability to heat wave-related mortality in New York City (2000-2011) [J]. Environmental health perspectives, 2015, 123 (7): 672-678.

[111] JANSSEN I, LEBLANC A G. Systematic review of the health benefits of physical activity and fitness in school-aged children and youth [J]. International journal of behavioral nutrition and physical activity, 2010, 7 (1): 1-16.

[112] HARTIG T, MITCHELL R, DE VRIES S, et al. Nature and health [J]. Annual Revieuw of Public Health, 2014, 35: 207-228.

[113] SAELENS B E, SALLIS J F, FRANK L D. Environmental correlates of walking and cycling: findings from the transportation, urban design, and planning literatures [J]. Annals of behavioral medicine, 2003, 25 (2): 80-91.

[114] ORPELA K, HARTIG T. Restorative qualities of favorite places [J]. Journal of environmental psychology, 1996, 16 (3): 221-233.

[115] COOMBES E, JONES A P, HILLSDON M. The relationship of physical activity and overweight to objectively measured green space accessibility and use [J]. Social

science & medicine, 2010, 70（6）: 816-822.

[116] STORGAARD R L, HANSEN H S, AADAHL M, et al. Association between neighbourhood green space and sedentary leisure time in a Danish population [J]. Scandinavian journal of public health, 2013, 41（8）: 846-852.

[117] HEINEN E, VAN WEE B, MAAT K. Commuting by bicycle: an overview of the literature [J]. Transport reviews, 2010, 30（1）: 59-96.

[118] MAAS J, VAN DILLEN S M E, VERHEIJ R A, et al. Social contacts as a possible mechanism behind the relation between green space and health [J]. Health & place, 2009, 15（2）: 586-595.

[119] MAAS J, VERHEIJ R A, SPREEUWENBERG P, et al. Physical activity as a possible mechanism behind the relationship between green space and health: a multilevel analysis [J]. BMC public health, 2008, 8: 1-13.

[120] GILES-CORTI B, BROOMHALL M H, KNUIMAN M, et al. Increasing walking: how important is distance to, attractiveness, and size of public open space? [J]. American journal of preventive medicine, 2005, 28（2）: 169-176.

[121] BAUER M, MÖSLE P, SCHWARZ M. Green building: guidebook for sustainable architecture [M]. Springer science & business media, 2009.

[122] SUGIYAMA T, LESLIE E, GILES-CORTI B, et al. Associations of neighbourhood greenness with physical and mental health: do walking, social coherence and local social interaction explain the relationships? [J]. Journal of epidemiology & community health, 2008, 62（5）: e9-e9.

[123] COSTA C S, ERJAVEC I S, MATHEY J. Green spaces—a key resources for urban sustainability: The green keys approach for developing green spaces [J]. Urbani izziv, 2008, 19（2）: 199-211.

[124] 杨勇涛, 孙延林, 吉承恕. 基于 "绿色锻炼" 的身体活动的心理效益研究 [J]. 天津体育学院学报, 2015, 30（3）: 195-199.

[125] GILES-CORTI B, DONOVAN R J. The relative influence of individual, social and physical environment determinants of physical activity [J]. Social science & medicine, 2002, 54（12）: 1793-1812.

[126] 李奕, 谭少华. 建成环境对居民主动式出行的影响因素研究 [J]. 江西建材, 2016（9）: 13-15.

[127] PIKORA T, GILES-CORTI B, BULL F, et al. Developing a framework for assessment of the environmental determinants of walking and cycling [J]. Social science & medicine, 2003, 56（8）: 1693-1703.

[128] CERVERO R, KOCKELMAN K. Travel demand and the 3Ds: density, diversity, and design [J]. Transportation research part D: transport and environment, 1997, 2（3）: 199-219.

[129] BEDIMO-RUNG A L, GUSTAT J, TOMPKINS B J, et al. Development of a direct observation instrument to measure environmental characteristics of parks

for physical activity [J]. Journal of physical activity and health, 2006, 3 (s1): S176–S189.

[130] MCCORMACK G R, ROCK M, TOOHEY A M, et al. Characteristics of urban parks associated with park use and physical activity: a review of qualitative research [J]. Health & place, 2010, 16 (4): 712–726.

[131] WENDEL V W, DROOMERS M, KREMERS S, et al. Potential environmental determinants of physical activity in adults: a systematic review [J]. Obesity reviews, 2007, 8 (5): 425–440.

[132] OWEN N, HUMPEL N, LESLIE E, et al. Understanding environmental influences on walking: review and research agenda [J]. American journal of preventive medicine, 2004, 27 (1): 67–76.

[133] LEE C, MOUDON A V. Physical activity and environment research in the health field: implications for urban and transportation planning practice and research [J]. Journal of planning literature, 2004, 19 (2): 147–181.

[134] DUNCAN M J, SPENCE J C, MUMMERY W K. Perceived environment and physical activity: a meta-analysis of selected environmental characteristics [J]. International journal of behavioral nutrition and physical activity, 2005, 2 (1): 1–9.

[135] REBAR A L, STANTON R, GEARD D, et al. A meta-meta-analysis of the effect of physical activity on depression and anxiety in non-clinical adult populations [J]. Health psychology review, 2015, 9 (3): 366–378.

[136] BEDIMO-RUNG A L, MOWEN A J, COHEN D A. The significance of parks to physical activity and public health: a conceptual model [J]. American journal of preventive medicine, 2005, 28 (2): 159–168.

[137] DAVISON K K, LAWSON C T. Do attributes in the physical environment influence children's physical activity? A review of the literature [J]. International journal of behavioral nutrition and physical activity, 2006, 3 (1): 1–17.

[138] TROST S G, OWEN N, BAUMAN A E, et al. Correlates of adults' participation in physical activity: review and update [J]. Medicine & science in sports & exercise, 2002, 34 (12): 1996–2001.

[139] KACZYNSKI A T, HENDERSON K A. Environmental correlates of physical activity: a review of evidence about parks and recreation [J]. Leisure sciences, 2007, 29 (4): 315–354.

[140] HANSEN W G. How accessibility shapes land use [J]. Journal of the american institute of planners, 1959, 25 (2): 73–76.

[141] HILLIER B, BURDETT R, PEPONIS J, et al. Creating life: or, does architecture determine anything? [J]. Architecture & Comportement/Architecture & Behaviour, 1986, 3 (3): 233–250.

[142] Kelly R E J, Drake N A, Barr S L. Spatial modelling of the terrestrial environment: outlook [J]. Spatial modelling of the terrestrial environment, 2004: 263.

[143] COMMBES E，JONES A P，HILLSDON M. The relationship of physical activity and overweight to objectively measured green space accessibility and use [J]. Social science & medicine, 2010, 70（6）: 816-822.

[144] CHEN L，FU B. The ecological significance and application of landscape connectivity [J]. Chinese journal of ecology, 1996（4）: 37.

[145] BADLAND H，SCHOFIELD G. Transport，urban design，and physical activity: an evidence-based update [J]. Transportation research part D: transport and environment, 2005, 10（3）: 177-196.

[146] MICHAEL Y L，GREEN M K，FARQUHAR S A. Neighborhood design and active aging [J]. Health & place, 2006, 12（4）: 734-740.

[147] ROEMMICH J N，EPSTEIN L H，RAJA S，et al. Association of access to parks and recreational facilities with the physical activity of young children [J]. Preventive medicine, 2006, 43（6）: 437-441.

[148] SOUTHWORTH M. Designing the walkable city [J]. Journal of urban planning and development, 2005（4）: 246-257.

[149] 翟宇佳. 促进老年人散步行为的城市公园设计特征研究基于内容分析法初探 [J]. 风景园林, 2016（7）: 121-128.

[150] PARK S. Defining，measuring，and evaluating path walkability，and testing its impacts on transit users' mode choice and walking distance to the station [D]. University of California，Berkeley, 2008.

[151] NELSON M C，GORDON-LARSEN P，SONG Y，et al. Built and social environments: associations with adolescent overweight and activity [J]. American journal of preventive medicine, 2006, 31（2）: 109-117.

[152] 李怀敏. 从"威尼斯步行"到"一平方英里地图"对城市公共空间网络可步行性的探讨 [J]. 规划师, 2007, 23（4）: 21-26.

[153] 耿雪. 建成环境对步行和自行车出行的影响——以波哥大为例 [J]. 城市交通, 2016, 14（5）: 83-96.

[154] 李丹，刘桂林，郝风云. 城市公园的使用功能研究 [J]. 中国农学通报, 2010, 26（4）: 210-214.

[155] FRANK L D，IROZ-ELARDO N，MACLEOD K E，et al. Pathways from built environment to health: a conceptual framework linking behavior and exposure-based impacts [J]. Journal of transport & health, 2019, 12: 319-335.

[156] BARENTSEN K B，TRETTVIK J. An activity theory approach to affordance [C]. Proceedings of the second Nordic conference on human-computer interaction, 2002: 51-60.

[157] RIDGERS N D，SALMON J，PARRISH A M，et al. Physical activity during school recess: a systematic review [J]. American journal of preventive medicine, 2012, 43（3）: 320-328.

[158] RIDGERS N D，STRATTON G，FAIRCLOUGH S J. Physical activity levels of

children during school playtime [J]. Sports medicine, 2006, 36: 359-371.

[159] TZOULAS K, KORPELA K, VENN S, et al. Promoting ecosystem and human health in urban areas using green infrastructure: a literature review [J]. Landscape and urban planning, 2007, 81 (3): 167-178.

[160] HO C H, PAYNE L, ORSEGA-SMITH E, et al. Parks, recreation and public health [J]. Parks & recreation, 2003, 38 (4): 18-20.

[161] Committee on Sports Medicine and Fitness and Committee on School Health. Physical fitness and activity in schools [J]. Pediatrics, 2000, 105 (5): 1156-1157.

[162] FORREST R, KEARNS A. Social cohesion, social capital and the neighbourhood [J]. Urban studies, 2001, 38 (12): 2125-2143.

[163] TAYLOR R B, SHUMAKER S A, GOTTFREDSON S D. Neighborhood-level links between physical features and local sentiments: deterioration, fear of crime, and confidence [J]. Journal of architectural and planning research, 1985, 2 (4): 261-275.

[164] BLOCK R L, BLOCK C R. Space, place and crime: hot spot areas and hot places of liquor-related crime [J]. Crime and place, 1995, 4 (2): 145-184.

[165] 顾基发，王林，唐锡晋，等. 物理—事理—人理系统方法论在建立商业设施与技术装备标准规范体系表结构框架中的应用 [J]. 系统工程理论与实践, 1997, 17 (12): 134-137.

[166] 陈君，廖建新，陈俊亮. 一种新的基于多因素多级模糊综合评判的更新算法 [J]. 通信学报, 2000, 21 (4): 25-29.

[167] MAAS J, SPREEUWENBERG P, VAN WINSUM-WESTRA M, et al. Is green space in the living environment associated with people's feelings of social safety? [J]. Environment and planning A, 2009, 41 (7): 1763-1777.

[168] SCHMID W A. The emerging role of visual resource assessment and visualisation in landscape planning in Switzerland [J]. Landscape and urban planning, 2001, 54 (1-4): 213-221.

[169] 王保忠，王保明，何平. 景观资源美学评价的理论与方法 [J]. 应用生态学报, 2006, 17 (9): 1733-1739.

[170] 袁烽. 都市景观的评价方法研究 [J]. 城市规划汇刊, 1999(6): 46-49.

[171] 宋力，何兴元，徐文铎，等. 城市森林景观美景度的测定 [J]. 生态学杂志, 2006, 6: 621-624, 662.

[172] 王卫华，齐童，王亚娟，等. 公园景观美观性的分析方法研究 [J]. 城市环境与城市生态, 2013, 02: 38-42, 46.

[173] Brownson R C, Hoehner C M, Day K, et al. Measuring the built environment for physical activity: state of the science [J]. American journal of preventive medicine, 2009, 36 (4): S99-S123, e12.

[174] 常华军. 体力活动研究进展综述 [J]. 浙江体育科学, 2013, 35 (5): 111-115.

[175] 杨波. 复杂社会网络的结构测度与模型研究 [D]. 上海: 上海交通大学, 2007.

［176］刘军. 社会网络模型研究论析［J］. 社会学研究，2004（1）：1-12.

［177］吴轶辉，王杰龙. 建成环境对老年人休闲性体力活动影响综述［J］. 中国运动医学杂志，2016，35（11）：1074-1082.

［178］ANDRIS C. Integrating social network data into GISystems［J］. International journal of geographical information science，2016，30（10）：2009-2031.

［179］HILLSDON M，PANTER J，FOSTER C，et al. The relationship between access and quality of urban green space with population physical activity［J］. Public health，2006，120（12）：1127-1132.

［180］MARCUS C C，SACHS N A. Therapeutic landscapes：an evidence-based approach to designing healing gardens and restorative outdoor spaces［M］. John Wiley & Sons，2013.

［181］CODINHOTO R，PLATTEN B，TZORTZOPOULOS P，et al. Improving healthcare through built environment infrastructure［M］. John Wiley & Sons，2010.

［182］ZEISEL J. Inquiry by design：tools for environment-behaviour research［M］. London：CUP archive，1984.

［183］SIBSON R，SCHERRER P，RYAN M M. 'I think it adds value, but I don't use it'：use，perceptions and attitudes of outdoor exercise equipment in an urban public park［J］. Annals of leisure research，2018，21（1）：58-73.

［184］FRANK L D，ENGELKE P O. The built environment and human activity patterns：exploring the impacts of urban form on public health［J］. Journal of planning literature，2001，16（2）：202-218.

［185］HEATH G W，BROWNSON R C，KRUGER J，et al. The effectiveness of urban design and land use and transport policies and practices to increase physical activity：a systematic review［J］. Journal of physical activity and health，2006，3（s1）：S55-S76.

［186］NECKERMAN K M，LOVASI G S，DAVIES S，et al. Disparities in urban neighborhood conditions：evidence from GIS measures and field observation in New York City［J］. Journal of public health policy，2009，30（1）：S264-S285.

［187］EWING R，HANDY S. Measuring the unmeasurable：urban design qualities related to walkability［J］. Journal of urban design，2009，14（1）：65-84.

［188］PAPAS M A，ALBERG A J，EWING R，et al. The built environment and obesity［J］. Epidemiologic reviews，2007，29（1）：129-143.

［189］DE VET E，OENEMA A，SHEERAN P，et al. Should implementation intentions interventions be implemented in obesity prevention：the impact of if-then plans on daily physical activity in Dutch adults［J］. International journal of behavioral nutrition and physical activity，2009，6（1）：11.

［190］WELLS N M，ASHDOWN S P，DAVIES E H S，et al. Environment，design，and obesity：opportunities for interdisciplinary collaborative research［J］. Environment and behavior，2007，39（1）：6-33.

致 谢

本书的编写虽然有所波折但回首往昔依然充满感激。首先要对我尊敬的蔡镇钰老师表示最真诚的谢意，十几年前一次偶然相遇使得我有机会进入蔡博师门，在同济求学期间蔡博的学术格局和视野，以及对于工作的严谨求实都深深感染了我，使我终身受益。蔡博从选题、研究方法和学术写作方面都给予了我充分的支持和指导，并且竭尽所能解决我在本书编写中出现的一系列困难。虽然老师已经驾鹤西去，但是其对我的指导、关怀和启示是本书得以出版的动力，我将永远铭记。其次感谢Bob Mugerauer教授，在华盛顿大学求学过程中给予了我无私的指导和支持，每周一次的学术辅导在研究方法和研究对象选择上对我有着深刻的影响，同时鲍勃教授对于学术严谨和负责的态度也令人尊敬。感谢两位导师对本书的指导、对我生活的关怀、对我未来发展的鼓励，我的每一分收获和进步都离不开两位导师的教诲。

也感谢对本书一直给予帮助的同济大学陈易老师、寇怀仁老师，西南交大的张毅捷、于洋老师，南京大学的胡宏老师，河海大学的苑明海老师，以及在蔡博重病期间愿意伸出援手的各位老师和专家。

同时感谢本书写作过程中一直给予我帮助的王班师兄，一起并肩战斗的吴景炜同学、王茜茜同学、朱丹同学、郭建伟同学。感谢所有那些帮助过我的同学，大家集思广益，相互讨论对我裨益匪浅。

同时感谢西雅图的Jiayun和Colin夫妇，Rick和Lisa夫妇，Alan以及VSA的负责人Gary和Sherline的服务，在我写作最迷茫和困难的时候给予我精神和情感上的支持，让我克服了这段人生中最困难的日子。最后要真诚感谢易容及其家人对于本书写作的支持和鼓励，他们为本书的发表提供了最大的动力。

马 明

2023年5月

Acknowledgment

Although this book's creation faced some challenges, reflecting on the journey fills me with deep gratitude. I must begin by expressing my heartfelt appreciation to my esteemed teacher, Cai Zhenyu. A fortuitous encounter dozen years ago opened the door for me to join Professor Cai's academic circle. Throughout my time at Tongji University, Professor Cai's expansive knowledge, visionary perspective, and unwavering commitment to rigorous work profoundly influenced and enriched me, leaving a lasting impact. His unwavering support and guidance during topic selection, research methods, and academic writing were invaluable, helping me navigate through numerous obstacles while composing this book. Although Professor Cai is no longer with us, his mentorship, care, and inspiration remain the driving force behind the publication of this book, and I will forever cherish his legacy.

I must also extend my heartfelt thanks to Professor Bob Mugerauer, whose selfless guidance and support during my studies at the University of Washington made a profound impact on my research methods and subject selection. Moreover, Professor Bob's dedication to academic rigor and accountability is truly admirable. I am immensely grateful to both mentors for their guidance, concern, and encouragement, which have been instrumental in shaping my life and future achievements. Every step of progress and success owe much to their invaluable teachings.

Additionally, I extend my gratitude to the unwavering support from teachers Chen Yi and Kou Huairen at Tongji University, Zhang Yijie and Yu Yang at Southwest Jiaotong University, Hu Hong at Nanjing University, and Yuan Minghai at Hohai University, as well as all the teachers and experts who extended their assistance during Professor Cai's illness.

I would also like to express my heartfelt thanks to Wang Ban, whose continuous support throughout the writing process has been invaluable, along with Wu Jingwei, Wang Xixi, Zhu Dan, and Guo Jianwei, my fellow classmates who stood beside me during this journey. I am grateful to all my classmates who offered their help, as our collective brainstorming and discussions have been immensely beneficial to me.

Moreover, I wish to express my gratitude to the couples Jiayun and Colin, Rick and Lisa, Alan, as well as Gary and Sherline from VSA in Seattle. During the most challenging and uncertain moments of my writing, your unwavering support and encouragement provided me with the strength to overcome the toughest days of my life.

Lastly, I sincerely appreciate the unwavering support and encouragement from Yi rong and their family during the creation of this book. Their unwavering belief in me provided the greatest motivation for the publication of this work.

Ma Ming

May 2023